U0192331

服务机器人应用开发
（初级）

组　编　深圳市优必选科技股份有限公司

主　编　马亲民　彭　艳　杨　欧
　　　　　钟　永

副主编　李粤平　李晓明　陈泽兰
　　　　　彭　建　刘　肖

参　编　庞建新　唐欣玮　李　亮
　　　　　马蒙蒙　郭一明

机械工业出版社

本书是"服务机器人应用开发（初级）"职业技能等级证书的配套教材之一，内容根据《服务机器人应用开发职业技能等级标准》以及《服务机器人应用开发职业技能考核大纲》相应要求编写。全书分为两大部分共十一个项目，第一部分为拼搭机器人应用开发，基于 Arduino 平台的拼搭机器人展开，共有六个项目；第二部分为人形机器人应用开发，围绕树莓派平台的 Yanshee 人形机器人展开，共有五个项目。

第一部分的项目一介绍了针对 Arduino 的 Blockly 编程方法，项目二至六介绍了针对相关任务在 Arduino IDE 上采用 C 语言的编程方法；第二部分重点介绍 Python 语言的编程方法。

本书可作为培养基于 Arduino 和树莓派的服务机器人的应用型、技能型人才的教材，也可供从事服务机器人应用的开发人员学习参考。

为方便教学，本书配备电子课件等教学资源。凡选用本书作为授课教材的教师均可登录机械工业出版社教育服务网 www.cmpedu.com 注册后免费下载。如有问题请致信 cmpgaozhi@sina.com，或致电 010-88379375 联系营销人员。

图书在版编目（CIP）数据

服务机器人应用开发：初级 / 马亲民等主编. — 北京：机械工业出版社，2022.12
1+X职业技能等级证书（服务机器人应用开发）配套教材
ISBN 978-7-111-72457-5

Ⅰ.①服…　Ⅱ.①马…　Ⅲ.①服务用机器人－职业技能－鉴定－教材　Ⅳ.①TP242.3

中国版本图书馆CIP数据核字（2022）第255951号

机械工业出版社（北京市百万庄大街22号　邮政编码100037）
策划编辑：赵志鹏　　　　　　责任编辑：赵志鹏　郭　维　曹新宇
责任校对：史静怡　李　婷　　封面设计：鞠　杨
责任印制：刘　媛
涿州市般润文化传播有限公司印刷
2023年4月第1版第1次印刷
184mm×260mm·12.75印张·283千字
标准书号：ISBN 978-7-111-72457-5
定价：42.00元

电话服务　　　　　　　　　　网络服务
客服电话：010-88361066　　机　工　官　网：www.cmpbook.com
　　　　　010-88379833　　机　工　官　博：weibo.com/cmp1952
　　　　　010-68326294　　金　书　网：www.golden-book.com
封底无防伪标均为盗版　　机工教育服务网：www.cmpedu.com

近年来，随着机器人产业的升温，服务机器人行业取得长足发展。国际机器人联合会对服务机器人给出了初步定义：服务机器人是一种半自主或全自主工作的机器人，它能完成有益于人类健康的服务工作，但不包括从事生产的设备。在各种服务机器人中，家用服务机器人单价低、需求数量巨大，成为全球服务机器人产业中发展前景最好和增速最快的领域。其中基于 Arduino 和树莓派的机器人是智能服务机器人的入门级类型。

2019 年，国家发展和改革委员会、教育部、财政部、国家市场监督管理总局联合印发了《关于在职业院校实施"学历证书＋若干职业技能等级证书"制度试点方案》，部署启动"学历证书＋若干职业技能等级证书"（简称 1+X 证书）制度试点工作。1+X 证书制度目的是让职业院校的教育更加符合企业对人才的需求。"1"为学历证书，"X"为若干职业技能等级证书。学校教育要全面贯彻党的教育方针，落实立德树人根本任务，是培养德智体美劳全面发展的高素质劳动者和技术技能人才的主渠道，学历证书全面反映学校教育的人才培养质量，在国家人力资源开发中起着不可或缺的基础性作用。职业技能等级证书是毕业生、社会成员职业技能水平的凭证，反映职业活动和个人职业生涯发展所需要的综合能力。通俗来说"1"代表专业，本质不能丢，也就是学历、毕业证；"X"是根据自己能力、爱好选择的职业技能。

"服务机器人应用开发职业技能等级证书"就是众多职业技能等级证书的一种，设置有初、中、高三个级别。针对教育部"1+X"标准化框架，《服务机器人应用开发职业技能等级标准》已经发布，该标准也会与时俱进，逐步修订完善，更加符合服务机器人行业发展趋势和职业技能需求。本书是"服务机器人应用开发职业技能等级证书"初级的配套教材，内容根据《服务机器人应用开发职业技能等级标准》以及《服务机器人应用开发职业技能考核大纲》相应要求编写。本书内容分为两大部分共十一个项目，第一部分基于 Arduino 平台的拼搭机器人展开，共有六个项目；第二部分围绕树莓派平台的Yanshee 人形机器人展开，共有五个项目。具体项目见表 0-1。

表 0-1　　本书项目安排

第一部分　拼搭机器人应用开发	第二部分　人形机器人应用开发
项目一　RGB 炫彩灯	项目七　人形机器人组装与调试
项目二　遥控发光音乐盒	项目八　机器人 Python 语言编程
项目三　巡线机器人	项目九　机器人运动控制
项目四　导盲避障机器人	项目十　与机器人对话
项目五　智能停车场	项目十一　让服务机器人感知世界
项目六　LED 点阵广告牌	

第一部分的项目一是 Arduino 的入门部分，用 Blockly 编程控制灯颜色变换；项目二是控制开发板的蜂鸣器播放音乐，让 LED 灯一起随音乐闪烁；项目三是搭建一个巡线小车；项目四是在巡线小车基础上增加超声波距离传感器，使小车可以避障；项目五是用 4 位数码管显示空余车位，并通过红外测距传感器探测车辆，对停车场入场的抬杆进行控制；项目六是用一个 8×8LED 点阵作为广告牌的显示系统。

第二部分的项目七是 Yanshee 人形机器人的搭建、校准、测试、设置等；项目八是针对树莓派的 Python 编程语言的语法和编程环境的搭建；项目九是通过对 API 的调用实现对机器人运动控制；项目十是介绍语音识别、NLP 等方面的内容，目的是实现人与机器人的完整语音对话功能；项目十一是介绍其他的常见用来感知外界的传感器，以及让机器人对这些传感器进行读取以感知世界。

编程语言方面，第一部分的项目一介绍了针对 Arduino 的 Blockly 编程方法，项目二至六都是在 Arduino IDE 上采用 C 语言编程；第二部分均采用 Python 语言编程。

在编写风格上，本书不追求对服务机器人的基础知识做大而全的介绍，而是基于技能认证项目需求，稍微做一定的知识扩展。每个项目都紧密围绕证书大纲和标准，通过项目导入、知识链接、任务实施的递进方式开展，并通过任务拓展的方式，启发读者对相关知识的进一步的学习和领会。

本书是集体智慧的结晶，编写团队由深圳职业技术学院具有多年相关专业教学经验的老师以及深圳市优必选科技股份有限公司从事教育产品研发、培训的专家构成。其中，马亲民、彭艳、杨欧、钟永担任主编，李粤平、李晓明、陈泽兰、彭建、刘肖担任副主编，庞建新、唐欣玮、李亮、马蒙蒙、郭一明参与了本书的编写。全书由马亲民统稿。在本书的编写过程中，得到了赵志强的帮助，在此表示感谢。

编　者

目 录

前 言

第一部分 拼搭机器人应用开发

项目三　巡线机器人 042

第二部分　人形机器人应用开发

项目八　机器人 Python 语言编程　110

项目十一   让服务机器人感知世界   **168**

第一部分

拼搭机器人应用开发

项目一
RGB 炫彩灯

　　RGB 炫彩灯的每颗 LED 是由红、绿、蓝三颗芯片组成的。它可以发出单色光，也可以两个芯片或者三个芯片组合发光。根据发光原理和灰度情况，RGB 炫彩灯可以调出任意颜色的静态色，也可以调出跳变和渐变色。这种彩灯经常用在贺卡、节日气氛灯或建筑物上用于衬托氛围，如图 1-1 所示。

　　本项目将带领大家来学习如何通过编程初步控制 Arduino 开发板上的 LED 灯，让其闪烁红绿蓝三种色彩。

图 1-1　RGB 炫彩灯

⊙ 项目任务

1）通过 Blockly 编程控制 RGB 炫彩灯闪烁三种颜色。
2）通过 Arduino IDE 编程控制 RGB 炫彩灯闪烁三种颜色。

⊙ 学习目标

1. 知识目标

1）了解服务机器人的概念、分类和发展趋势。
2）了解 Arduino 的基础知识。
3）了解 Arduino IDE 的基本操作。
4）了解 Blockly 的基础知识。

2. 能力目标

1）能下载并安装 Blockly 软件。
2）能下载并安装 Arduino IDE 软件。
3）能下载并安装 Arduino 开发板的设备驱动。
4）能使用 Blockly 编程控制 Arduino 开发板上的 LED 灯。
5）能使用 Arduino IDE 编程控制 Arduino 开发板上的 LED 灯。

⊙ 知识链接

1. 服务机器人

（1）服务机器人定义

服务机器人是机器人家族中的一个年轻成员，到目前为止尚没有一个严格的定义。国际机器人联合会经过几年的搜集整理，给了服务机器人一个初步的定义：服务机器人是一种半自主或全自主工作的机器人，它能完成有益于人类健康的服务工作，但不包括从事生产的设备。图 1-2 所示为音乐演奏机器人和餐厅上菜机器人。

图 1-2 音乐演奏机器人和餐厅上菜机器人

不同国家对服务机器人的认识不同，大致上可以分为专业服务机器人和个人／家用服务机器人。服务机器人的应用范围很广，主要从事维护、修理、运输、清洗、保安、救援、监护等工作。图 1-3 所示是国内科技公司生产的多用途服务机器人 Cruzr，它可在一些窗口单位充当信息咨询解答员的角色，例如医院门诊的导诊咨询，也可以检测患者体温、判断患者是否正确佩戴口罩等，还可以完成带领患者去到一些目的地的工作。在候机厅、展厅等地方，这类服务机器人可以定制防疫宣传语音播报。

图 1-3　多用途服务机器人 Cruzr

服务机器人是一个国家高科技实力和发展水平的重要标志，服务机器人作为机器人产业的新兴领域，高度融合智能、传感、网络、云计算等创新技术，与移动互联网的新业态、新模式相结合，为促进生活智慧化、推动产业转型提供了突破口，引领服务模式实现"互联网 +"变革。

（2）服务机器人的分类

服务机器人主要包括个人／家用服务机器人、医疗服务机器人和公共服务机器人。其中，公共服务机器人指在农业、金融、物流等除医学领域外的公共场合为人类提供一般服务的机器人。

个人／家用服务机器人分为工具机器人和教育机器人，如图 1-4、图 1-5 所示。

图 1-4　工具机器人（扫地机器人）

图 1-5　教育机器人比赛

医疗服务机器人分为医疗手术机器人、医疗康复机器人、医疗辅助机器人、医疗后勤机器人，如图 1-6~ 图 1-9 所示。

公共服务机器人分为引导接待机器人和智能安防机器人等，如图 1-10~ 图 1-11 所示。

（3）服务机器人发展现状

随着机器人产业的升温，服务机器人行业取得了长足发展。在全球服务机器人中，个人／家用服务机器人单价低、需求数量巨大，成为全球服务机器人产业中发展前景最好和增速最快的领域。2020 年，全球专业服务机器人的销量是 24 万台，个人／家用服务机器人的销量达到 2670 万台，全球服务机器人销量达到 2694 万台，见表 1-1。

图 1-6 医疗手术机器人

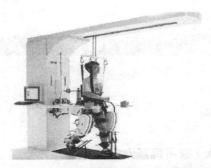

图 1-7 医疗康复机器人（下肢训练用）

图 1-8 医疗辅助机器人（测温用）

图 1-9 医疗后勤机器人（物资运输用）

图 1-10 引导接待机器人

图 1-11 智能安防机器人

表 1-1 全球服务机器人行业市场销量（单位：万台）

（数据来源：中国机器人网）

年份	专用服务机器人	个人/家用服务机器人	总计
2011	1.58	250	251.6
2012	1.61	300	301.6
2013	2.17	400	402.2
2014	3.3	465	473.3
2015	4.8	540	561.1
2016	6	670	676
2017	10	1025	1035

（续）

年份	专用服务机器人	个人／家用服务机器人	总计
2018	13.1	1731	1744.1
2019	17.3	2320	2337.3
2020	24	2670	2694

个人／家用机器人定位为代替人完成家庭日常服务工作，按照应用场景不同可以分为家务机器人、教育娱乐机器人和残障辅助机器人。专业服务机器人大都应用于专门的场景，特别是在极端环境和精细操作等领域中，例如军事任务、精细外科、危险作业等，专业服务机器人具有不可替代性，如外科机器人、反恐机器人、军用大型无人直升机、军用无人飞机、四旋翼搬运作业机器人、水下机器人等。

（4）服务机器人发展趋势

在我国政策及各级地方政府的重点扶持和市场亿万"蛋糕"的催化下，服务机器人市场风起云涌。国内家电企业如美的、格力、海尔等也对其展现出了极大热情，纷纷进军服务机器人领域。预计到 2023 年我国的服务机器人市场规模有望达到 751.8 亿元人民币。服务机器人行业中的家庭服务、商用场合等领域将首先迎来爆发式发展。

以家用服务机器人为例，家政服务成本的提升加速了机器人替代人工的趋势。人口老龄化是推动服务机器人进入家庭的另一动力。截至 2020 年，我国老年人数量已达到 2.43 亿，占比超过 17.2%。老龄化的加剧、中青年人口增速下降，为服务机器人进入养老服务、家居服务等领域打开了市场空间。

服务机器人领域相关技术和创新商业模式将趋于成熟，国内服务机器人商业化推广的难度将大大降低，同时政策的扶持与产业资本和金融资本的大力布局，将加速服务机器人在庞大的家庭和个人消费级市场的推广运用。根据 IFR 统计数据，2021 年中国服务机器人市场规模为 302.6 亿元，占整体机器人市场规模的 35.1%，相比 2020 年有所提高。且 2022—2025 年，中国服务机器人市场将继续保持较快增长，市场规模及占比也将不断提升，预计 2025 年中国服务机器人市场规模将达到 817.9 亿元。

2. Arduino

（1）什么是 Arduino

Arduino，音译为"阿尔杜伊诺"，意思为"强壮的朋友"。Arduino 开源平台诞生于 2005 年，是设计者以廉价、好用为目的，为非电子工程专业的学生动手研发的微控制器开发板。Arduino 具有开源、廉价、简单易懂的特性，一经推出便迅速受到了广大电子爱好者的喜爱和推崇。

Arduino 主要包含两个部分：硬件部分是可以用来做电路连接的 Arduino 开发板；软件部分是计算机中的程序开发环境 Arduino IDE。用户在 Arduino IDE 中编写程序代码，将程序上传到 Arduino 开发板后，程序便会告诉 Arduino 开发板要做什么。

Arduino 能通过各种各样的传感器来感知环境，也能通过控制灯光、电动机和其他的装置来反馈、影响环境。开发板上的微处理器可以先通过 Arduino 的编程语言来编写程序，再编译成二进制文件烧录进去。

（2）Arduino 硬件

Arduino 开发板设计得非常简洁，一块 AVR 微处理器、一个振荡器和一个 5V 的直流电源，外加一条 USB 数据线用来连接计算机。Arduino 相关开发板在不断地更新换代，目前市面上有着各式各样的版本，如 Arduino Nano、Arduino Duemilanove、Arduino Mini，等等。虽然版本较多，而且各版本都有着各自的作用，但所有的 Arduino 都是基于一片 Atmel 的 8 位 AVR 精简指令集（RISC）微处理器。如图 1-12~图1-14 所示为 Arduino Duemilanove、Arduino UNO 和 Arduino Mega 2560 三个版本的开发板实物图。

图 1-12　Arduino Duemilanove 开发板

图 1-13　Arduino UNO 开发板

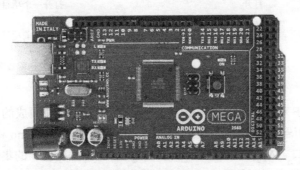
图 1-14　Arduino Mega 2560 开发板

本书中将使用创意机器人教学套件硬件平台——uKit Explore 开发板来学习 Arduino 知识与技能，uKit Explore 开发板兼容 Arduino Mega 2560 开发板，同时支持 C/C++、Blockly 编程。

（3）Arduino IDE

1）Arduino IDE 界面如图 1-15 所示，可以在该窗口里编辑并上传代码到开发板上，或是使用内置的串口监视器通过串口与开发板通信。窗口垂直分区布置，从上往下依次是菜单栏、工具栏、项目栏、代码栏和调试提示区。

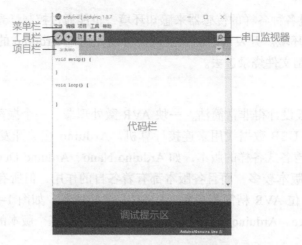

图 1-15　Arduino IDE 界面

在工具栏上，Arduino IDE 提供了常用功能的快捷键，见表 1-2。

表 1-2　Arduino IDE 常用功能的快捷键

图标	名称	功能
	验证	验证程序是否编写无误
	上传	上传程序到 Arduino 开发板上
	新建	新建一个项目
	打开	打开一个项目
	保存	保存当前项目
	串口监视器	查看发送的数据

2）Arduino IDE 程序。Arduino 是由 C/C++ 语言混合编写而成的。Arduino 语言也继承了 C/C++ 语言的语法，通常所说的 Arduino 语言，是指 Arduino 核心库文件提供的各种应用程序编程接口（Application Programming Interface，API）的集合。

与常规 C 语言程序不同的是，Arduino 程序的基本结构由 setup( ) 和 loop( ) 两个函数组成（见图 1-16）。

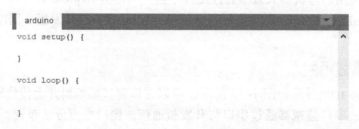

图 1-16　Arduino 程序的基本结构

① setup( )。setup( ) 函数用于放置初始化程序的代码，如配置 I/O 口状态，初始化串口等操作。Arduino 控制器通电或复位后，即会开始执行 setup( ) 函数中的程序，用户一般会把要执行的程序写在大括号里，该部分的程序只会执行一次。

setup( ) 的语法格式如下：

```
void setup()
{
        // 设置类别代码，用于初始化
}
```

② loop( )。loop( ) 函数用于放置需要重复运行的代码，这些代码会一直重复运行，使得开发板实时与外部进行交互。

通常在 setup( ) 函数中的程序执行完后，Arduino 会接着执行 loop( ) 函数中的程序，它是一个死循环。一般用户会在 loop( ) 函数中完成程序的主要功能，如驱动各种模块，采集数据等。

loop( ) 语法格式如下：

```
void loop()
{

}
```

3）Arduino 语法规则。在 Arduino 程序中，应遵循的基本语法规则如下：

① Arduino 语句中需严格区分大小写。

②每个完整语句，需要以分号作为语句结尾。

③ Arduino 程序中，所有符号必须是半角符号（输入法在英文状态下输入的符号）。

④ Arduino 程序中 "//" 是行注释语句，"//" 后面的语句不被执行，另外也可以用 "/*……*/" 注释一个段落，段注释语句之间的内容都不被执行。

3. 创意机器人教学套件

（1）创意机器人教学套件简介

教育机器人属于服务机器人范畴，是以激发学生学习兴趣、培养学生综合能力为目标的机器人成品、套装或散件，除了机器人机体本身外，还包括了控制软件和教学内容等。

如图 1-17 所示，uKit Explore 是一款根据 STEAM 教育和创客教育发展的创意机器人教学套件，其在硬件上基于 Arduino 开源平台，兼容海量的 Arduino 开源教学资料，同时在硬件方面提供多种传感器 / 执行器模块、面包板及电子元器件，软件方面提供 C/C++ 语言编程和 Blockly 图形化编程工具，同时提供编程学习、机械结构设计、传感器智能应用、电路设计学习等多方面的综合教育应用。

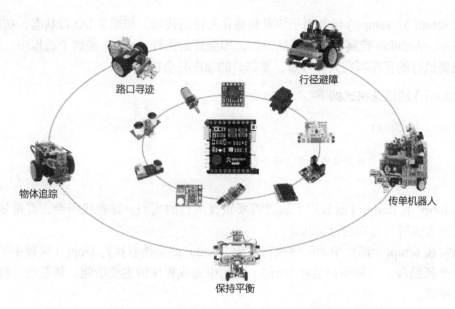

图 1-17　uKit Explore 创意机器人教学套件

uKit Explore 硬件主要由两大部分组成：电子元器件和外观结构件。其中，电子元器件包括了 uKit Explore 开发板、舵机、电动机、传感器、面包板和 LED 灯等；而外观结构件包括了外观结构件包、连接结构件包和扣件包，如图 1-18 所示。

图 1-18　uKit Explore 硬件示意图

（2）认识 uKit Explore 开发板

如图 1-19 所示，uKit Explore 开发板兼容 Arduino Mega 2560 开发板，同时支持 C/C++、Blockly 编程，可以控制 uKit 的舵机实现轮模式和舵机模式，开发板提供蜂鸣器、RGB 炫彩灯、按钮和陀螺仪等丰富的扩展接口，支持 USB 及锂离子电池供电，支持开发板锂离子电池充电功能，是移动设备、可穿戴电子产品、IoT 应用的开发平台，可以直接应用于低功耗项目。

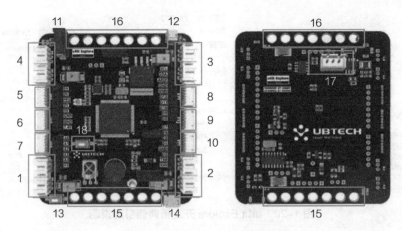

图 1-19 uKit Explore 开发板

uKit Explore 开发板上接口类型较多，各自功能不同。接口功能说明见表 1-3，两侧的引脚说明如图 1-20 所示，开发板接口引脚说明如图 1-21 所示。

表 1-3 uKit Explore 开发板接口功能说明

接口	功能说明	接口	功能说明
1~4	uKit 接口：连接 Explore 套件中的传感器或者舵机、电动机等元器件和部件	11	充电口：连接 5V 充电器为电池充电，同时也可以作为主板的供电口
5	X1：数字接口 /I^2C	12	电源开关：控制主板供电
6	X2：数字接口 /I^2C	13	自定义按钮：可以自定义功能的按钮
7	X3：灰度 / 数字接口，连接灰度传感器	14	USB 下载口：通过数据线连接计算机，下载程序
8	X4：ICSP	15 ~16	固定孔：开发板固定螺钉孔
9	X5：模拟接口	17	电池接口：连接电池
10	X6：模拟接口 / 串口	18	复位按钮：按下后可使主板重新启动的按钮

4. Blockly

（1）什么是 Blockly

Blockly 是一个由 Google 公司发起并维护的可视化编程工具，基于 JavaScript 开发，用于给网页或者手机 APP 添加可视化代码编辑器。它采用图形化的咬合拼接的积木块表示变量、逻辑表达式、循环以及其他编程概念，能让用户在不熟悉语法的情况下进行编程练习。

Blockly 主要应用在儿童编程领域，比较著名的有 CODE、Microsoft MakeCode、Scratch Blocks，等等。由于 Blockly 提供了强大的自定义模块功能，它已经被应用到更多的领域中，所以理论上它能将任何基于文本的逻辑（程序或配置文件）可视化。在需要编辑复杂的逻辑或大量灵活配置的地方，都可以用 Blockly 改善用户体验，减少错误概

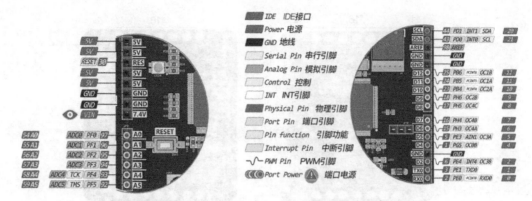

图 1-20　uKit Explore 开发板两侧引脚说明

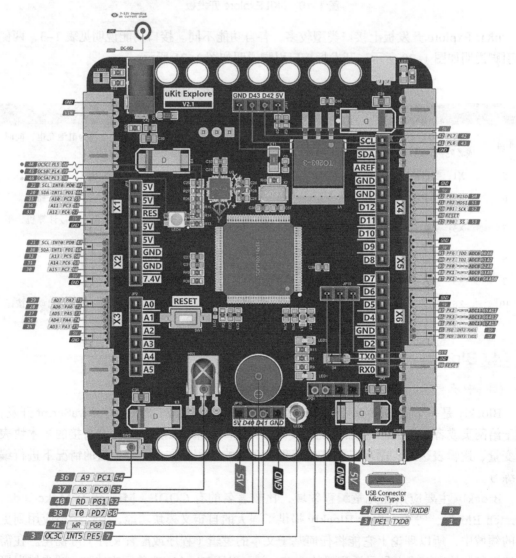

图 1-21　uKit Explore 开发板接口引脚说明

率，降低学习成本，例如游戏逻辑编辑器、艺术装置的控制、数字图像和动画程序化生成，等等。图 1-22 展示了 Blockly 的核心功能：将图形化的积木块逻辑（左侧）转化为代码（右侧）。

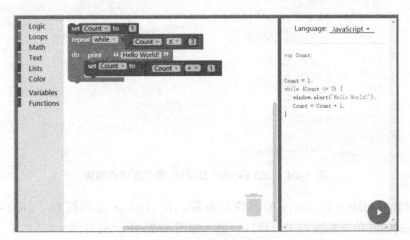

图 1-22　Blockly 的核心功能

（2）认识 uKit Explore Blockly

uKit Explore Blockly 是一款类似 Blockly 的可视化编程软件，如图 1-23 所示，软件主要分为几块区域：菜单区、指令区、程序编写区、编译提示区和代码区。可以在程序编写区里编辑程序并上传到 uKit Explore 开发板上，或是使用内置的串口监视器通过串口与 uKit Explore 开发板通信。

图 1-23　uKit Explore Blockly 编程界面

指令区的每个模块对应的图形对象都是代码块（见图 1-24），单击代码块并拖动到程序编写区，就可以将它们拼接，创造出一些简单的功能，然后将一个个简单的功能组合起来，构建出一个程序。整个过程只需要鼠标的拖曳，不需要键盘敲击。

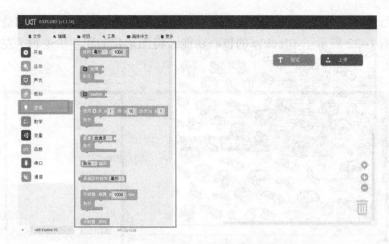

图 1-24　uKit Explore Blockly 指令区的代码块

1）uKit Explore Blockly 的下载与安装。在 Github 官网搜索"uKit-Explore-Blockly"，找到并单击相应的下载地址，进入如图 1-25 所示的页面。

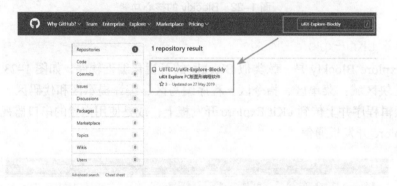

图 1-25　Github 官网搜索"uKit-Explore-Blockly"

单击如图 1-26 所示页面中"Asserts"下的第一个下载资源进行下载。

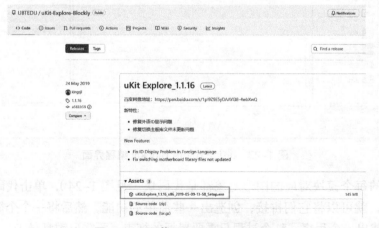

图 1-26　下载 uKit Explore Blockly

　　双击下载好的安装包，会出现图 1-27 所示的安装界面。选择安装位置，单击"开始安装"，等待安装。安装完成界面如图 1-28 所示。

图 1-27　uKit Explore Blockly 安装界面　　　　图 1-28　uKit Explore Blockly 安装完成

　　注意：uKit Explore Blockly 软件会将 Arduino IDE 一同下载安装，所以不需要重复下载，安装完成后两款软件的图标如图 1-29 所示。

图 1-29　uKit Explore Blockly 和
Arduino IDE 软件图标

　　2）uKit Explore 开发板的驱动程序安装。uKit Explore Blockly 软件安装完成后，还需要安装 uKit Explore 开发板的驱动程序，这样计算机的接口才能够识别到 uKit Explore 开发板的接口。当 uKit Explore Blockly 安装完成后，uKit Explore 开发板的驱动程序就已在 uKit Explore Blockly 安装的目录文件里了，无需再下载。单击软件界面菜单区的"更多"→"安装驱动"（见图 1-30），会自动打开驱动程序的文件夹（见图 1-31）。

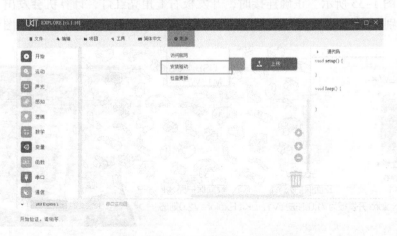

图 1-30　菜单区的"更多"→"安装驱动"

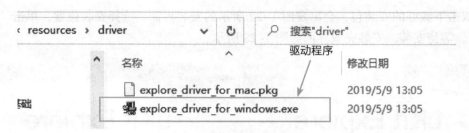

图 1-31　驱动程序的文件夹

在文件目录里，双击"explore_driver_for_windows.exe"驱动程序，会自动弹出驱动程序安装的对话框（见图 1-32），然后在对话框中单击"安装"，系统会自动安装，安装成功后如图 1-33 所示，单击"确定"并退出驱动安装程序。

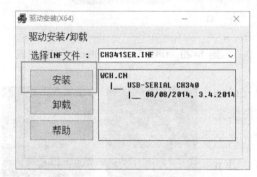

图 1-32　驱动程序安装

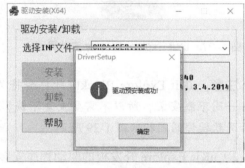

图 1-33　驱动程序安装成功

3）uKit Explore 开发板连接。接下来就可以连接 uKit Explore 开发板并使用 uKit Explore Blockly 软件了，所需的 uKit Explore 开发板及 USB 连接线如图 1-34 所示，另外图中还显示了开发板正反面保护壳以及扣件。

打开 uKit Explore Blockly 软件，然后将 uKit Explore 开发板通过 USB 数据线连接至计算机，如图 1-35 所示。正确连接时，开发板右上角亮红灯，计算机会发出"噔"的一声，表示识别到了接口，同时 uKit Explore Blockly 会自动识别通信接口，如图 1-36 所示。

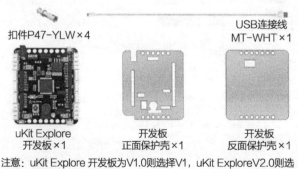

注意：uKit Explore 开发板为V1.0则选择V1，uKit ExploreV2.0则选择V2。

图 1-34　uKit Explore 开发板及 USB 连接线　　**图 1-35　uKit Explore 开发板连接计算机**

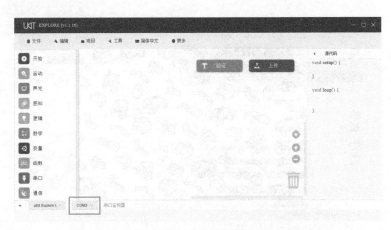

图 1-36 uKit Explore Blockly 自动识别通信接口

任务实施

所需设施 / 设备：uKit Explore V2.0 开发板、USB 线、计算机。

任务 1.1 使用 Blockly 控制 RGB 炫彩灯闪烁

（1）配置 Blockly 软硬件环境

根据前面所学内容，下载并安装 uKit Explore Blockly 软件以及 uKit Explore 驱动程序。

（2）编辑并运行 RGB 炫彩灯闪烁程序

打开 uKit Explore Blockly 软件，连接 uKit Explore 开发板，选择开发板型号 uKit Explore V2。图 1-37 中计算机自动识别到的通信接口为 COM3。

图 1-37 选择开发板型号和通信接口

选择指令区的"声光"模块，找到"板载 RGB 灯颜色为"的代码块，拖动到程序编写区，如图 1-38 所示。

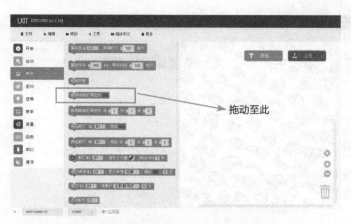

图 1-38　"板载 RGB 灯颜色为"代码块

同理，找到"逻辑"中对应的代码块"延时"，拖动到上一代码块下方对齐，并修改延时时间 1000ms 为 200ms，如图 1-39 所示。

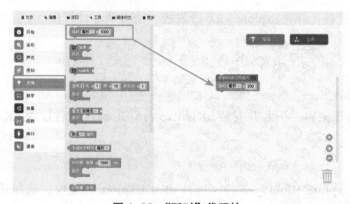

图 1-39　"延时"代码块

同理，依次找到对应的代码块，并修改相应参数，编写完成的完整程序如图 1-40 所示。

图 1-40　完整程序

　　编写完成后，单击"验证"对程序进行"编译"（见图1-41），验证通过则会显示"验证完成"，编译提示区会显示编译的时长等信息（见图1-42），验证失败则会提示错误。

图 1-41　验证程序

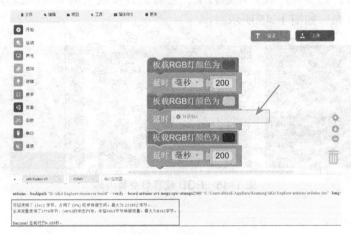

图 1-42　验证完成

　　单击"上传"，上传程序到 uKit Explore 开发板（见图1-43），上传成功后界面会提示"上传完成"（见图1-44）。

图 1-43　上传程序

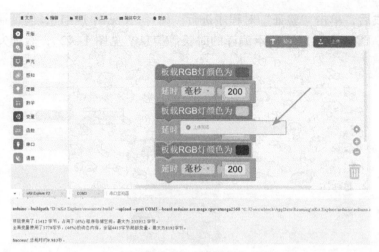

图 1-44   上传成功

上传成功后，其实程序就开始运行了，会看到开发板上的 RGB 炫彩灯交替闪烁红绿蓝三种颜色的灯光，如图 1-45 所示。

图 1-45   RGB 炫彩灯交替闪烁

（3）保存 RGB 炫彩灯闪烁程序

最后单击"文件"→"保存"保存程序（见图 1-46），命名为"任务 1.1"，如图 1-47 所示。

图 1-46   保存程序   图 1-47   程序文件

任务 1.2　使用 Arduino IDE 控制 RGB 炫彩灯闪烁

（1）打开 Arduino IDE

重新打开 uKit Explore Blockly，直接单击"工具"→"使用 Arduino IDE 打开"（见图 1-48）打开 Arduino IDE，Arduino IDE 打开时如图 1-49 所示。

打开 Arduino IDE 后，出现如图 1-50 所示的窗口。

图 1-50　Arduino IDE 窗口

图 1-49　Arduino IDE 启动界面

（2）编写 RGB 炫彩灯闪烁程序

1）首先在 Arduino IDE 中引用 uKitExplore2En.h 库：

```
/* 炫彩 RGB  */
#include "uKitExplore2En.h"
```

2）在 void setup( ) 输入如下代码：

```
void setup()
{
    Initialization();                    // 初始化
}
```

3）在 void loop( ) 输入如下代码：

```
void loop()
{
    setRgbledColor(255,0,0);       // 设置 RGB 炫彩灯的颜色为红色
    delay(1000);                   // 红色闪烁 1000 毫秒

    setRgbledColor(0,255,0);       // 设置 RGB 炫彩灯的颜色为绿色
    delay(1000);                   // 绿色闪烁 1000 毫秒

    setRgbledColor(0,0,255);       // 设置 RGB 炫彩灯的颜色为蓝色
    delay(1000);                   // 蓝色闪烁 1000 毫秒
}
```

（3）验证 RGB 炫彩灯闪烁程序

1）将 uKit Explore 开发板通过 USB 数据线连接至计算机，单击"工具"→"开发板"选择 Arduino/Genuino Mega or Mega 2560，如图 1-51 所示。

2）单击"项目"→"验证/编译"确认，等待几秒钟，如果没有错误的话，信息窗口显示"编译完成"，如图 1-52 所示。

图 1-51　选择 Arduino/Genuino Mega or Mega 2560

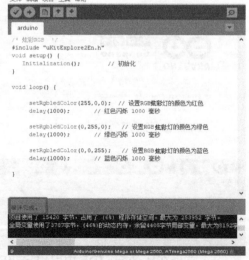

图 1-52　编译完成

3）单击"工具"→"端口"，选择已被识别到的"COM3"，如图 1–53 所示。

4）选择完成后，开发板的信息和接口就会在窗口右下角显示，如图 1–54 所示。

图 1–53 选择"COM3"

图 1–54 通信接口信息

（4）上传 RGB 炫彩灯闪烁程序

1）单击"上传"按键（见图 1–55），调试提示区会显示"正在编译项目"，很快该提示会变成"上传成功"，如图 1–56 所示。

2）接下来会看到开发板上的 RGB 炫彩灯交替闪烁红绿蓝三种颜色的灯光，如图 1–57 所示。

图 1–55 上传程序

图 1–56 上传成功界面

图 1-57　RGB 炫彩灯交替闪烁（完成状态）

任务评价

班级		姓名		学号		日期	
自我评价	1. 是否能下载并安装 Blockly 软件					□是　　□否	
	2. 是否能下载并安装 Arduino IDE 软件					□是　　□否	
	3. 是否能下载并安装 Arduino 开发板的设备驱动程序					□是　　□否	
	4. 是否能用 Blockly 编程控制 Arduino 开发板上的 RGB 炫彩灯					□是　　□否	
	5. 是否能使用 Arduino IDE 编程控制 Arduino 开发板上的 RGB 炫彩灯					□是　　□否	
	6. 在完成任务时遇到了哪些问题？是如何解决的						
	7. 是否能独立完成工作页的填写					□是　　□否	
	8. 是否能按时上、下课，着装规范					□是　　□否	
	9. 学习效果自评等级					□优　□良　□中　□差	
	10. 总结与反思						

（续）

班级		姓名		学号		日期	
小组评价	1. 在小组讨论中能积极发言					□优　□良　□中　□差	
	2. 能积极配合小组完成工作任务					□优　□良　□中　□差	
	3. 在查找资料信息中的表现					□优　□良　□中　□差	
	4. 能够清晰表达自己的观点					□优　□良　□中　□差	
	5. 安全意识与规范意识					□优　□良　□中　□差	
	6. 遵守课堂纪律					□优　□良　□中　□差	
	7. 积极参与汇报展示					□优　□良　□中　□差	
教师评价	综合评价等级： 评语：						
					教师签名：　　　　日期：		

任务拓展

使用 Blockly 或 Arduino IDE 编程，将程序修改为在 1 分钟内闪烁三种颜色，每种颜色闪烁 500ms。

项目小结

本项目中，通过学习服务机器人的概念、分类其发展现状，以及拼搭式服务机器人基本应用开发，掌握针对 Arduino 开发板的 Blockly 编程方法，并编程实现对开发板中的 RGB 炫彩灯进行控制，让其实现红绿蓝交替变化的炫彩效果。

02

项目二
遥控发光音乐盒

【项目导入】

在人们日常生活中，经常会使用到遥控器，它也是使用最广泛的一种遥控通信方式。其中，红外遥控器由于具有体积小、功耗低、功能强、成本低等特点，被录音机、音响设备、空调器以及玩具等一些电气设备纷纷采用。尤其在 Arduino 开发编程中，常用红外遥控来做许多有趣的实践，例如用来控制小车的移动、控制风扇的转动、控制音乐盒的发光等。

本项目将介绍如何使用红外遥控器让 Arduino 开发板变成一个发光音乐盒，如图 2-1 所示。

图 2-1 发光音乐盒

🕒 项目任务

1）通过 Arduino IDE 编程控制蜂鸣器发声。
2）通过 Arduino IDE 编程控制 LED 闪烁。
3）通过 Arduino IDE 编程实现红外遥控器控制发光音乐盒。

🕒 学习目标

1. 知识目标

1）了解蜂鸣器的发声原理。
2）了解红外遥控器的工作原理。
3）掌握 LED 的工作原理。
4）熟悉面包板的由来、构造和种类。

2. 能力目标

1）能正确使用面包板。
2）能正确连接电路使用 LED。
3）能用 Arduino IDE 编程控制蜂鸣器发声。
4）能用 Arduino IDE 编程实现红外遥控器控制蜂鸣器和 LED。

🕒 知识链接

1. 蜂鸣器

（1）振动与声音

声音是一种压力波，当演奏乐器、拍打一扇门或者敲击桌面时，它们的振动会引起介质——空气分子有节奏地振动，使周围的空气产生疏密变化，形成疏密相间的纵波，这就产生了声波，这种现象会一直延续到振动消失为止。

声音作为波的一种，频率和振幅就成了描述它的重要属性，频率的大小与人们通常所说的音高对应，而振幅影响声音的大小。声音可以被分解为不同频率不同强度正弦波的叠加。这种变换（或分解）的过程，称为傅里叶变换。频率是指周期性变化每秒钟的变化次数，即声源在 1s 内振动的次数，频率的单位是以科学家赫兹的名字命名的。越高频的声音听起来越尖锐，相反越低频的声音听起来越沉闷。

一般的声音总是包含一定的频率范围。人耳可以听到的声音的频率范围在 20Hz~2 万 Hz 之间。高于这个范围的称为超声波，而低于这一范围的称为次声波。人类与动物的发声与听觉频率对照如图 2-2 所示。蝙蝠可以听得到高达 12 万 Hz 的超声波。鲸和大象则可以产生频率在 12 万 ~15 万 Hz 范围内的超声波声音。

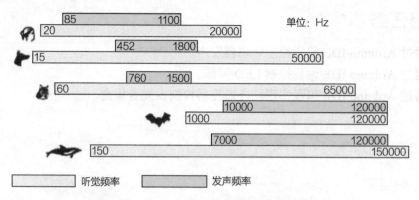

单位：Hz

| | 听觉频率 | | 发声频率 |

图 2-2　人类与动物的发声与听觉频率对照

音乐的频率范围为 20Hz~20kHz，人的声音频率范围为 85Hz~1.1kHz。但人能听到的最高频率是 20kHz，表 2-1 为音符、音调与频率的对照表。

表 2-1　音符、音调与频率对照表（单位：Hz）

音调 \ 频率 \ 音符	1	2	3	4	5	6	7
C	262	294	330	350	393	441	495
D	294	330	350	393	441	495	556
E	330	350	393	441	495	556	624
F	350	393	441	495	556	624	661
G	393	441	495	556	624	661	742
A	441	495	556	589	661	742	833
B	495	556	624	661	742	833	935

（2）蜂鸣器原理

蜂鸣器，从字面意思就可以知道，这是一个会发声的电子器件，如图 2-3 所示。蜂鸣器按构造方式的不同，可分为电磁式蜂鸣器和压电式蜂鸣器。电磁式蜂鸣器广泛应用于计算机、打印机、复印机、报警器、汽车电子设备、电话机、定时器等电子产品中作为发声器件；压电式蜂鸣器则应用于音乐贺卡、电子门铃和电子玩具等小型电子用品中作为发声器件。

图 2-3　蜂鸣器

电磁式蜂鸣器如图 2-4 所示，它主要是利用通电导体会产生磁场的特性，用一个固定的永久磁铁与线圈产生磁力，推动固定在线圈上的振动片。电磁式蜂鸣器由于音色好，所以多用于语音、音乐的播放设备。压电式蜂鸣器的主要部件是压电陶瓷片，它是在两片铜制圆形电极中间放入压电陶瓷材料制成的，当在两片电极上面接通交流音频信号时，压电陶瓷片根据信号的大小频率发生振动而产生相应的声音。

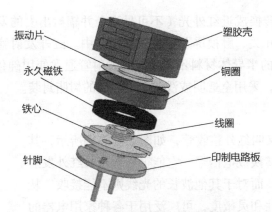

振动片　　　　　　　　　　塑胶壳
永久磁铁　　　　　　　　　　铜圈
铁心　　　　　　　　　　　　线圈
针脚　　　　　　　　　　印制电路板

图2-4　电磁式蜂鸣器结构示意图

蜂鸣器根据工作原理不同，又分为无源蜂鸣器与有源蜂鸣器。无源、有源这里的"源"不是指电源，而是指振荡源。也就是说，有源蜂鸣器内部带振荡源，所以只要一通电就会鸣叫。而无源蜂鸣器内部不带振荡源，所以如果用直流信号无法令其鸣叫。

（3）蜂鸣片的发声原理

蜂鸣片为银色的金属，如图2-5所示，有些蜂鸣片不带焊接线缆，主要是靠添加交流电压后的压电效应生成伸展及收缩这样的机械变形，利用此特性使金属片振动而发出声响。

压电振动板由一块两面印制有电极的压电陶瓷板和一块金属板（黄铜或不锈钢等）组成，并使用黏合剂，将压电陶瓷板和金属板粘接在一起。

图2-5　蜂鸣片实物

（4）蜂鸣器的编程使用

在程序中调用相应的函数，就可以使用 uKit Explore 开发板上面的蜂鸣器，使其产生各种声音。比如，调用 tone( ) 函数可以在一个引脚上产生一个特定频率的方波，而调用 noTone( ) 函数可以停止由 tone( ) 函数产生的方波。

2. 红外传感器

（1）红外线

人的眼睛能看到的可见光按波长从长到短排列，依次为红、橙、黄、绿、青、蓝、紫光。其中红光的波长范围为 $0.62 \sim 0.76\,\mu m$；紫光的波长范围为 $0.38 \sim 0.46\,\mu m$。比紫光波长还短的光叫紫外线，比红光波长还长的光叫红外线。红外遥控就是利用波长为 $0.76 \sim 1.5\,\mu m$ 之间的近红外线来传送控制信号的。

（2）红外发射管

红外发射管（IR LED）也称红外发光二极管，属于二极管类，如图2-6左侧所示。

它是可以将电能直接转换成近红外光（不可见光）并辐射出去的发光器件。红外发射管主要应用于各种光电开关、触摸屏及遥控发射电路中。红外发射管的结构、原理与普通LED相近，只是使用的半导体材料不同。红外发射管通常使用砷化镓（GaAs）、砷铝化镓（GaAlAs）等材料，采用全透明或浅蓝色、黑色的树脂封装。

（3）红外接收管

红外光电二极管又叫红外接收管，如图2-6右侧所示，其主要功能是把光信号转换成电信号。它能很好地接收红外发射管发射的红外线信号，而对于其他波长的光线则不能接收，从而保证了接收的准确性和灵敏度，可广泛用于各种家用电器的遥控/接收器中，如音响、空调器等。

图2-6　红外发射管（左）和红外接收管（右）

（4）红外遥控器的工作原理

红外遥控系统一般由发射和接收两大部分组成，应用编/解码专用集成电路芯片来进行控制操作，如图2-7所示。其中，红外遥控器的发射部分包括键盘、编码调制器、红外发射器；设备的接收部分包括光/电转换放大器、解调器、解码器。

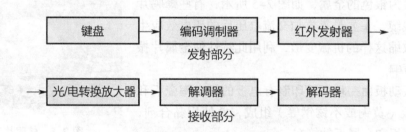

图2-7　红外遥控系统的组成

3. LED灯

（1）LED

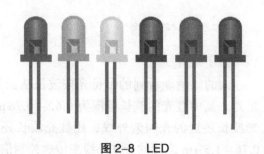

发光二极管简称LED，它是由镓（Ga）、砷（As）、磷（P）的化合物制成的二极管，如图2-8所示，其正负极引脚长度不一样，长的是正极，短的是负极。

当LED的极性连接正确，就处于正向导通的发光状态；相反，如果正负极接反了，当反向电压到达一定数值时，就会造成LED的损毁，即反向击穿，这个极限电压值就是

图2-8　LED

反向击穿电压，应用中要极力避免反向击穿的发生。通过改变LED开和关的时间，可以产生不同的效果，开关时间短，则感觉动感，开关时间长，则感觉柔和。

（2）LED 呼吸灯

LED 呼吸灯就是指电子产品上的 LED 灯的亮度随着时间由暗到亮逐渐增强，再由亮到暗逐渐衰减，有节奏感地一起一伏，就像是在呼吸一样，因而被广泛应用于手机、计算机等电子设备的指示灯中。人们通常利用 PWM 信号来实现呼吸灯效果。

PWM（Pulse Width Modulation）是一种脉宽调制信号，广泛用于 LED 和电机控制等场合。PWM 信号类似于方波，只有"0"和"1"两种状态，图 2-9 所示为占空比为 25% 的 PWM 信号，不同的占空比可以使 LED 灯产生不同的亮度。

本书中使用的 Arduino 开发板中，其数字引脚中能产生 PWM 信号的有 5 个，分别是：D5、D6、D9、D10、D11。

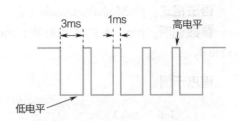

图 2-9　占空比为 25% 的 PWM 信号

4. 面包板

面包板的得名可以追溯到真空管电路的年代，当时的电子元器件大都体积较大，人们通常通过螺钉和钉子将他们固定在一块切面包用的木板上进行连接，后来电子元器件体积越来越小，但面包板的名称沿用了下来。

面包板上有很多小插孔，是专为电子电路的无焊接实验设计制造的。由于各种电子元器件可根据需要随意插入或拔出，免去了焊接，节省了电路的组装时间，而且元器件可以重复使用，所以非常适合电子电路的组装、调试和训练。

面包板整板使用热固性酚醛树脂制造，板底有金属条，在板上对应位置打孔使得元器件插入孔中时能够与金属条接触，从而达到导电目的。一般将每五个孔板用一条金属条连接。板子中央一般有一条凹槽，这是针对需要集成电路、芯片试验而设计的。图 2-10 所示为常用的单面包板。

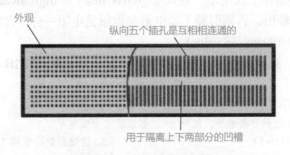

图 2-10　常用的单面包板

单面包板的优点是体积较小，易携带，可以方便地通断电源，但缺点是面积小，不宜进行大规模电路实验。

5. Arduino 常用基本函数

（1）数字 I/O 操作函数

1）pinMode( )。

功能描述：将指定的引脚配置成输入或输出，它是一个无返回值函数。

语法格式：pinMode(pin,mode)

参数说明：pin，要配置的引脚；mode，设置的模式——INPUT(输入) 或 OUTPUT（输出）。

程序示例：

```
LEDPin=13                        //LED 连接到数字引脚 13
void setup()
{
  pinMode(LEDPin,OUTPUT);        // 设置数字引脚为输出
}
void loop()
{
  digitalWrite(LEDPin,HIGH);     // 打开 LED
  delay(1000);                   // 等待 1s
  digitalWrite(LEDPin,LOW);      // 关掉 LED
  delay(1000);                   // 第二次等待 1s
}
```

注意：模拟输入引脚也可以作为数字引脚使用

2）digitalWrite( )。

功能描述：控制引脚输出高低电平；如果引脚被 pinMode( ) 设为 OUTPUT，5V（或者 3.3V，在使用 3.3V 的板子上）就是 HIGH（高电平），0V（Ground）就是 LOW（低电平）。如果引脚被设为 INPUT，使用 digitalWrite( ) 写入 HIGH，将使内部上拉电阻接入，写入 LOW 将会禁用上拉电阻。建议 digitalWrite( ) 和 digitalRead( ) 使用之前都要用 pinMode 指定输入 / 输出，否则引脚上拉电阻会像限流电阻一样（此时应该是高阻态）。

语法格式：digitalWrite(pin,value)

参数说明：pin，引脚编号（如 1,5,10,A0,A3 等）；value，HIGH 或 LOW。

程序示例：

```
// 将引脚 13 设置为高电平，延时 1s，然后设置为低电平
int LEDPin=13;                    //LED 连接到数字引脚 13
void setup()
{
  pinMode(LEDPin,OUTPUT);         // 设置数字引脚为输入模式
}
void loop()
```

```
{
    digitalWrite(LEDPin,HIGH);    // 使 LED 亮
    delay(1000);                  // 延时 1s
    digitalWrite(LEDPin,LOW);     // 使 LED 灭
    delay(1000);                  // 延时 1s
}
```

注意：模拟引脚也可以当作数字引脚使用。

3）digitalRead( )。

功能描述：读取引脚的电平状态，HIGH 或 LOW。

语法格式：digitalRead(pin)

参数：pin，要读取的引脚值。

返回值：HIGH 或 LOW。

程序示例：

```
// 将引脚 13 设置为输入引脚 7 的值
LEDPin=13//LED 连接到引脚 13
int inPin=7;                      // 按钮连接到数字引脚 7
int val=0;                        // 定义变量存储读值
void setup()
{
pinMode(LEDPin,OUTPUT);           // 将引脚 13 设置为输出
pinMode(inPin,INPUT);             // 将引脚 7 设置为输入
    }
void loop()
{
val=digitalRead(inPin);           // 读取输入引脚
digitalWrite(LEDPin,val);         // 将 LED 值设置为按钮的值
    }
```

注意：如果引脚悬空，digitalRead( ) 会随机返回 HIGH 或 LOW，模拟输入引脚能当作数字引脚使用。

（2）模拟 I/O 操作函数

1）analogReference( )。

功能描述：配置模拟输入引脚的基准电压（即输入范围的最大值），它是一个无返回值的函数。

语法格式：analogReference(type)

参数：type，使用哪种引用类型（DEFAULT、INTERNAL、INTERNAL1V1、INTERNAL2V56 或者 EXTERNAL），具体含义如下：

① DEFAULT：默认 5V 或者 3.3V 为基准电压。

②INTERNAL：低电压模式，使用片内基准电压源（Arduino mega 无此选项）。

③INTERNAL1V1：低电压模式，以 1.1V 为基准电压（此选项仅针对 Arduino Mega）。

④INTERNAL2V56：低电压模式，以 2.56V 为基准电压（此选项仅针对 Arduino Mega）。

⑤EXTERNAL：扩展接口，以引脚 AREF 的电压（0~5V）为基准电压。

返回值：无。

设置模拟输入引脚的基准电压默认的语句：

```
analogReference(DEFAULT)
```

2）analogRead( )。

功能描述：从指定的模拟引脚读取模拟量，读取周期为 100μs 微妙，即最大读取速度可达每秒 10000 次。

语法格式：analogRead(pin)

参数：pin，读取的模拟输入引脚编号。

返回值：int 型整数值（范围在 0~1023）。

程序示例：

```
// 输入电压为 a，获取的模拟量输入引脚 3 的电压值为：
int potPin=3;
int value=0;
void setup()
{
    Serial.begin(9600);
}
void loop()
{
    value=analogRead(potPin)*a*1000/1023;    // 输入电压为 a
    Serial.println(value);
}
```

3）analogWrite( )。

功能描述：通过 PWM 的方式将模拟值输入到引脚，即调用该函数后，相应的引脚会产生一个指定占空比的稳定方波（频率大约为 490Hz），直到下一次调用该函数，通常应用在 LED 亮度调节、电机调速控制等方面。

语法格式：analogWrite(pin,value)

参数：pin，输出 PWM 的引脚编号，该函数支持的引脚为 3、5、6、9、10 和 11；

value，PWM 占空比，因为 PWM 输出位数为 8，所以其范围在 0~255，对应占空比为 0~100%，带 PWM 功能的引脚标有波浪线"~"。

返回值：无。

程序示例：

```
// 从引脚 11 输出 PWM
int sensor=A0;
int LED=11;
int value=0;

void setup()
{
    Serial.begin(9600);
}

void loop()
{
    value=analogRead(sensor);
    Serial.println(value,DEC);      // 可以观察读取的模拟量的值
    analogWrite (LED, value/4);      // 读取的模拟量是 0~1023× 分辨率，结果
                                        除以 4 才能到 0~255
}
```

（3）音乐键盘函数

1）tone( )。

功能描述：在一个引脚上产生一个特定频率的方波（50% 占空比）。持续时间可以设定，波形会一直产生，直到调用 noTone（ ）函数。该引脚可以连接压电式蜂鸣器或其他扬声器播放声音。在同一时刻只能产生一个声音。如果一个引脚已经在播放音乐，那么呼叫 tone( ) 将不会有任何效果。如果音乐在同一个引脚上播放，那么它会自动调整频率。使用 tone( ) 函数会与引脚 3 和引脚 11 的 PWM 产生干扰（Mega 板除外）。

语法格式： tone(pin,frequency) 或 tone(pin,frequency,duration)

参数： pin，要产生声音的引脚；frequency，产生声音的频率，单位为 Hz，类型为 unsigned int；duration，声音持续的时间，单位为 ms（可选），类型为 unsigned long。

返回值：无

注意： 如果要在多个引脚上产生不同的音调，则要在对下一个引脚使用 tone( ) 函数前，先使用 noTone( ) 函数。

2）noTone( )。

功能描述：停止由 tone( ) 产生的方波。如果没有使用，tone( ) 将不会有变化。

语法格式： noTone(pin)

参数： pin，要停止产生声音的引脚。

返回值：无

注意：如果想在多个引脚上产生不同的声音，则要在对下一个引脚使用 tone( ) 函数前，先使用 noTone( ) 函数。

（4）时间函数

1）millis( )。

功能描述：用于获取单片机从通电到当下的运行时间长度，单位为 ms。系统最长记录时间为 9h22min，如果超出将从 0 开始。

语法格式：millis( )

参数：无

返回值：返回值为 unsigned long 无符号型长整数。

程序示例：

```
unsigned long time;
void setup()
{
    Serial.begin(9600);
    }
 void loop()
{
    Serial.print("Time:");
    time=millis();
        // 打印从程序开始到现在的时间
    Serial.println(time);
// 等待 1s，以免发送大量的数据
    delay(1000);
    }
```

注意：millis 是一个无符号长整数，用它和其他数据类型的数（如整型数）做数学运算可能会产生错误。

2）delay ( )。

功能描述：是一个延时函数，即程序设定的暂停时间（单位 ms），无返回值。

语法格式：delay(ms)

参数：ms，暂停的毫秒数（unsigned long）。

程序示例：

```
LEDPin=13;                          //LED 连接到数字引脚 13
void setup()
{
    pinMode(LEDPin,OUTPUT);       // 设置引脚为输出
    }
```

```
void loop()
{
    digitalWrite(LEDPin,HIGH);    // 使 LED 亮
    delay(1000);                  // 等待 1s
    digitalWrite(LEDPin,LOW);     // 使 LED 灭
    delay(1000);                  // 等待 1s
  }
```

任务实施

所需设施 / 设备：uKit Explore 开发板 1 个、USB 数据线 1 条、红外遥控器 1 个、面包板 1 个、红色 LED 1 个、1kΩ 电阻 1 个、连接线若干、已安装 Arduino IDE 的计算机 1 台。

任务 2.1 让蜂鸣器发声

（1）编写蜂鸣器发声程序

在 Arduino IDE 中编写一个让开发板蜂鸣器发声的程序，程序参考如下：

```
/* 蜂鸣器运用 */
#include "uKitExplore2En.h"

void setup()
{
 Initialization();          // 初始化
}
void loop()
{
 tone(200,300);             //（频率，时长）
 tone(400,300);
 tone(200,300);
 tone(400,300);
 noTone();                  // 停止 tone
 delay(1000);
 }
```

（2）编译并上传蜂鸣器发声程序

1）编译程序，将数据线连接到 uKit Explore 开发板 USB 下载口，选择开发板与接口号。

2）编译无误后，将程序通过数据线上传到 uKit Explore 开发板。

3）上传成功后，会看到开发板上蜂鸣器旁的指示灯闪烁数秒蓝灯，如图 2-11 所示，蜂鸣器不断地发出不同频率的响声。

图 2-11　蜂鸣器的指示灯闪烁

任务 2.2　让 LED 闪烁

（1）连接电路

本任务需要使用的元器件如图 2-12 所示，图 2-13 所示为硬件连接电路，连接 LED，并在 LED 之间添加一个 $1k\Omega$ 的电阻，使 LED 正极连接开发板引脚 D9，负极接地（引脚 GND）。

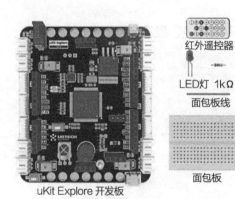

图 2-12　任务 2.2 所需元器件

图 2-13　硬件连接电路

（2）编写并上传 LED 闪烁程序

1）在 Arduino IDE 中编写 LED 闪烁程序，程序参考如下：

```
/*  LED 闪烁效果 */
#include"uKitExplore2En.h"
void setup()
{
pinMode(9,OUTPUT);                      // 声明引脚 D9 为输出状态
}
void loop()
{
    digitalWrite(9,HIGH);               // 使 LED 亮
```

```
        delay(1000);                    // 持续1s
        digitalWrite(9, LOW);           // 使 LED 灭
        delay(1000);                    // 持续1s。
    }
```

2）编译程序，将数据线连接到 uKit Explore 开发板 USB 下载口，选择开发板与接口号。

3）编译无误后，将程序通过数据线上传到 uKit Explore 开发板。

4）上传成功后，会观察到红 LED 每间隔 1s 闪烁 1s，如图 2-14 所示。

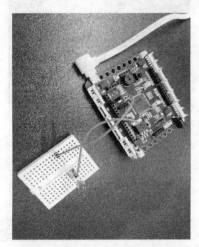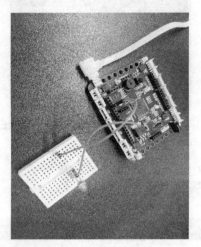

图 2-14　红 LED 闪烁

任务 2.3　遥控发光音乐盒

（1）连接电路

电路连接方法、步骤与任务 2.2 相同。

（2）编译并上传遥控发光音乐盒程序

1）打开 Arduino IDE，编译用红外遥控器遥控开发板，控制蜂鸣器以及 LED 闪烁的程序，使得：

①按一下红外遥控器的按键 1，则 LED 亮。

②按一下红外遥控器的按键 2，则 LED 灭。

③按一下红外遥控器的按键 3，则 LED 不断闪烁。

④按一下红外遥控器的按键 4，则 LED 为呼吸灯模式。

2）编写完成后编译程序，并使用数据线连接 uKit Explore 开发板 USB 下载口，选择开发板与接口号。

3）编译无误后，将程序通过数据线上传到 uKit Explore 开发板。

4）上传成功后，会观察到蜂鸣器发出音乐。若红外遥控器按一下按键 1，LED 亮；

若按一下按键 2，LED 灭；若按一下按键 3，LED 不断闪烁；若按一下按键 4，LED 进入呼吸灯模式，如图 2-15 所示。

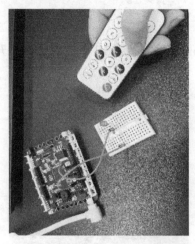

图 2-15 按下按键 1 则 LED 亮，按下按键 2 则 LED 灭

⊙ 任务评价

班级		姓名		学号		日期	
自我评价	1. 是否能正确使用面包板					□是　　□否	
	2. 是否能正确连接电路使用 LED					□是　　□否	
	3. 是否能用 Arduino IDE 编程控制蜂鸣器发声					□是　　□否	
	4. 是否能用 Arduino IDE 编程实现红外遥控器控制蜂鸣器和 LED					□是　　□否	
	5. 在完成任务时遇到了哪些问题？是如何解决的						
	6. 是否能独立完成工作页的填写					□是　　□否	
	7. 是否能按时上、下课，着装规范					□是　　□否	
	8. 学习效果自评等级					□优　□良　□中　□差	
	9. 总结与反思						

（续）

班级		姓名		学号		日期	
小组评价	1. 在小组讨论中能积极发言					□优　□良　□中　□差	
	2. 能积极配合小组完成工作任务					□优　□良　□中　□差	
	3. 在查找资料信息中的表现					□优　□良　□中　□差	
	4. 能够清晰表达自己的观点					□优　□良　□中　□差	
	5. 安全意识与规范意识					□优　□良　□中　□差	
	6. 遵守课堂纪律					□优　□良　□中　□差	
	7. 积极参与汇报展示					□优　□良　□中　□差	
教师评价	综合评价等级： 评语： 教师签名：　　　　日期：						

任务拓展

尝试连接两个或者三个 LED 并点亮；或者尝试变换 LED 的亮灭速度，让 LED 保持关闭 5s，然后快速闪烁一下（250ms），就像汽车警报器上的 LED 指示灯那样。通过改变 LED 开和关的时间，产生不同的效果，开关时间短，则感觉动感，开关时间长，则感觉柔和。

项目小结

本项目介绍了蜂鸣器发声的基本原理、红外遥控器工作的基本原理、LED 呼吸灯的产生原理，并且通过程序将上述知识在 Arduino 开发板上进行了验证，加深了对蜂鸣器、红外遥控器、LED 以及面包板的认识。

项目三
巡线机器人

随着生产自动化的发展，机器人已经越来越广泛地应用到生产自动化上，随着科学技术的发展，机器人的感觉传感器种类越来越多，其中视觉传感器成为自动行走和自动驾驶系统的重要部件。机器人要实现自动导引功能和避障功能就必须要感知导引线和障碍物，感知导引线相当于给机器人一个视觉功能。本项目将介绍如何使用设计一个巡线机器人（见图3-1）。

图 3-1　巡线机器人

项目任务

1）搭建一个巡线机器人。

2）通过 Arduino IDE 编程让巡线机器人巡线行驶。

学习目标

1. 知识目标

1）了解电机的工作原理。

2）了解灰度传感器的工作原理。

3）熟悉 int 变量、void 函数、局部变量与全局变量等编程基础知识。

2. 能力目标

1）能正确使用灰度传感器搭建一个巡线机器人。

2）能通过编程调用 setMotorTurn( ) 控制电机驱动。

3）能通过编程调用 getGrayAllValue( ) 读取灰度传感器数值。

4）能通过编程实现巡线机器人巡线自动行驶。

知识链接

1. 电机

（1）电机工作原理

1）发电机与电动机。电机就是一种将电能与机械能相互转换的电磁机械装置。电机
一般有两种应用形式：第一种是把机械能转换为电能，称为
发电机；第二种是把电能转换为机械能，称为电动机。电动
机（Motor）利用通电导线在磁场中受到力的作用而旋转，受
力方向遵循"左手定则"。

2）左手定则。左手定则可用于判断通电导线处于磁场中
时，所受安培力 F 的方向、磁感应强度 B 的方向和通电导线
电流 I 的方向之间的关系。该定则是英国电机工程师约翰·安
布罗斯·弗莱明提出的。1885 年，弗莱明担任英国伦敦大学
电机工程学教授，由于学生经常弄错磁场、电流和受力的方
向，于是，他想用一个简单的方法帮助学生记忆，"左手定则"
由此诞生了。

如图 3-2 所示，将左手的食指、中指和拇指伸直，使其
在空间内相互垂直。掌心方向代表磁场的方向（从 N 级到 S

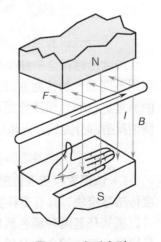

图 3-2 左手定则

级），中指代表电流的方向（从正极到负极），那
拇指所指的方向就是受力的方向。使用时可以记
住，中指、食指、拇指分别指代"电、磁、力"。

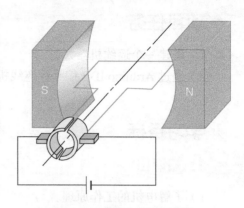

3）电动机的分类。

①电动机按工作电源种类可分为直流电动机
（见图3-3）和交流电动机。直流电动机可分为无
刷直流电动机和有刷直流电动机。交流电动机可
分为单相电动机和三相电动机。

②电动机按结构和工作原理可分为异步电动
机、同步电动机。

图 3-3　直流电动机示意图

③电动机按用途可分为驱动用电动机和控制
用电动机。

④驱动用电动机可分为电动工具（包括钻孔、抛光、磨光、开槽、切割、扩孔等工
具）用电动机、家电（包括洗衣机、电风扇、电冰箱、空调器、录音机、录像机、影碟
机、吸尘器、照相机、电吹风机、电动剃须刀等）用电动机及其他通用小型机械设备
（包括各种小型机床、小型机械、医疗器械、电子仪器等）用电动机。

⑤控制用电动机可分为步进电动机和伺服电动机等。

（2）电动机使用方法

本项目需要用到的电动机如图 3-4 所示。电动机连接在 uKit
Explore 开发板的任意一个 3PIN 口即可。电动机可以多个串联，
而多个电动机是通过 ID 号加以区分和识别的，在控制时应注
意电动机的 ID 号。硬件连接方面要使用 USB 数据线连接 uKit
Explore 开发板和计算机，3PIN 口接入电动机，uKit Explore 开
发板接入电池并打开开关。

图 3-4　直流电动机

2. 灰度传感器

（1）什么是灰度传感器

灰度传感器是一种模拟传感器，有一只 LED 和一只光敏电阻，安装在同一面上。它
利用不同颜色的检测面对光的反射程度不同，光敏电阻对不同检测面返回的光阻也不同
的原理进行颜色深浅检测。在有效的检测距离内，LED 发出白光，照射在检测面上，检
测面反射部分光线，光敏电阻检测此光线的强度并将其转换为机器人可以识别的信号。

（2）智能灰度传感器模块

1）认识智能灰度传感器模块 uKit Route。如图 3-5 所示，uKit Route 是一款智能灰
度传感器模块，具有多检测点、智能化、多功能化的特点。该灰度传感器通过颜色采集，
可以感知任意两种颜色然后输出相应的电平值。采集到的颜色具有断电保持特性，如果
是同样的两种颜色的分辨，无需再次采集可直接使用。灵活的颜色采集方式可实现一次

采集多次使用，亦可根据需要随时采集，还可用在巡线机器人、智能机器人等与颜色识别互动的模型上面。

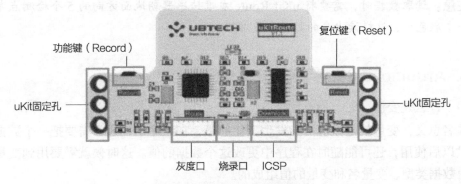

图 3-5　智能灰度传感器模块

灰度传感器具有五个检测点，如图 3-6 所示，这五个检测点能分别检测其位置附近的灰度。其编号从左往右分别为 5、4、3、2、1。当巡线机器人工作时，检测点朝下检测线的位置，则实际中的编号从左往右分别 1、2、3、4、5。

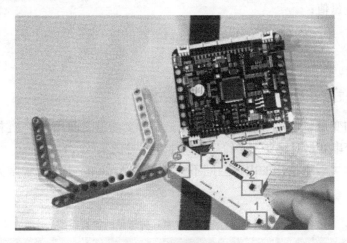

图 3-6　灰度传感器检测点

2）智能灰度传感器模块的颜色采集。灰度传感器在使用前需要通过颜色采集操作来指定两种颜色。这里使用 7Pin 线将灰度传感器的灰度口（Route）与 uKit Explore 开发板 X3 接口连接，再进行颜色采集。这里以采集深色（H）与浅色（L）为例介绍具体步骤：

①连续两次按下功能键"Record"，三颗灯闪烁，代表进入颜色采集模式，第三次按下"Record"键，表示确定进入记录模式。

②将灰度传感器放置到要记录的颜色带当中，按下"Record"键，有一颗灯闪烁，表示记录完毕。

③再将灰度传感器放入另一个需要记录的颜色带中，按下"Record"键，有一颗灯闪烁，表示记录完毕。

④当两种颜色记录完毕后，所有灯会闪烁，表示记录完成，可直接使用。深色是 H，浅色是 L。

注意：读取数据时，需要将 uKit Route 灰度传感器朝地面方向的 5 个检测点都置于在同一个颜色中，这样读出来的数据会更准确。

3. Arduino 常用变量与常量

（1）什么是变量

顾名思义，变量就是数值可能发生变化的量。在程序中，通常需要把一个数据存储起来供以后使用，还可能随时在程序中更改这个数据的值。这时候就需要用到变量。变量是由数据类型、变量名和变量的值组成的。

变量定义的语法格式通常有以下两种表达形式：

1）数据类型　变量名 = 变量值；

2）数据类型　变量名；

表达形式 2）中的变量此时没有赋值，需要在定义变量后再给变量赋值，即：

变量名 = 变量值；

示例如下：

```
int   i=200;
char val="字符串";
```

数据类型和变量名之间用空格连接，变量名和变量值之间用"="连接，表示赋值的意思，定义字符串变量时，要把字符串放入半角引号内。

不同的数据类型所占用的内存空间不一样，在 Arduino 中，几种常见的数据类型见表 3-1。

表 3-1　Arduino 中几种常见的数据类型

序号	数据类型	说明
1	char	字符型数据
2	double	双精度浮点数
3	float	单精度浮点数
4	int	整型数
5	long	长整型数
6	short	短整型数
7	signed	有符号数，二进制数据中最高位为符号位
8	unsigned	无符号数据

变量的命名一般遵循以下规则。

1）变量名必须以字母打头，名字中间只能由字母、数字和下划线组成。

2）通常应把变量名定义为便于阅读和能够描述所含数据用处的名称，而不使用一些难懂的缩写。

3）根据需要混合使用大小写字母和数字。一般通用的方式是，组成变量名的单词中，第一个单词的第一个字母小写，而之后单词的第一个字母大写。

4）变量名的长度不得超过 255 个字符。

5）变量名在有效的范围内必须是唯一的。

6）变量名不能使用关键字。

（2）什么是常量

常量就是在程序运行过程中，其值不能改变的数据。有时候可以用一些有意义的符号来代替常量的值，称为符号常量。符号常量在使用之前必须先定义，其一般语法格式为：

```
#define 标识符 常量
```

4. 条件判断语句——if

在 Arduino 语言程序中，支持两种选择语句：if 语句和 switch 语句。这里重点介绍 if 语句。if 语句是条件分支语句，它有三种基本形式。

（1）第一种基本形式

此形式语法格式如下：

```
if ( 表达式 )
语句
```

功能描述：如果表达式的值为真，则执行其后的语句；否则，跳过该语句。

（2）第二种基本形式

此形式语法格式如下：

```
if ( 表达式 )
语句 1
else
语句 2
```

功能描述：如果表达式的值为真，则执行语句 1；如果表达式的值为假，则执行语句 2。

（3）第三种基本形式

此形式语法格式如下：

```
if( 表达式 1)
语句 1
else if( 表达式 2)
语句 2
else if( 表达式 3)
语句 3
……
else if( 表达式 n)

语句 n
else
语句 m 语句 1
else
语句 2
```

功能描述：如果表达式 1 的值为真，则执行语句 1，然后退出 if 选择语句，不执行下面的语句；否则，判断表达式 2，如果表达式 2 的值为真，则执行语句 2，然后退出 if 选择语句，不执行下面的语句，如果表达式 2 的值同样为假，则判断表达式 3，依次类推，最后，如果表达式 *n* 不成立，则执行 else 后面的语句 *m*。

在使用 if 语句时还要注意以下问题：

1）在三种基本形式中，if 关键字后面均为表达式。该表达式通常是逻辑表达式或关系表达式，也可以是一个变量。

2）在 if 语句中，条件判断表达式必须用括号括起来。在语句之后必须加分号，如果是多行语句组成的程序段，则要用大括号括起来。

⊙ 任务实施

所需设施 / 设备：uKit Explore 开发板及配套电源、USB 数据线、uKit Explore 装配小车的机械组件、安装了 Arduino IDE 的计算机。

任务 3.1　搭建巡线机器人

利用如图 3-7 所示的 uKit Explore 电子元器件和外观结构件，按照正确步骤搭建一个如图 3-8 所示的巡线机器人。

（1）搭建前部

巡线机器人包含灰度传感器、前部、主控板和后部四个部分，读者可根据图 3-9 所示搭建巡线机器人前部。

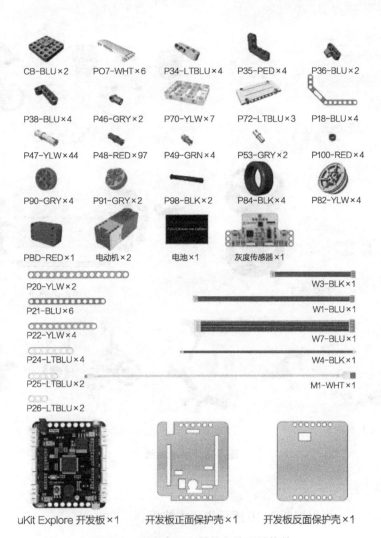

CB-BLU×2 PO7-WHT×6 P34-LTBLU×4 P35-PED×4 P36-BLU×2

P38-BLU×4 P46-GRY×2 P70-YLW×7 P72-LTBLU×3 P18-BLU×4

P47-YLW×44 P48-RED×97 P49-GRN×4 P53-GRY×2 P100-RED×4

P90-GRY×4 P91-GRY×2 P98-BLK×2 P84-BLK×4 P82-YLW×4

PBD-RED×1 电动机×2 电池×1 灰度传感器×1

P20-YLW×2 W3-BLK×1
P21-BLU×6 W1-BLU×1
P22-YLW×4 W7-BLU×1
P24-LTBLU×4 W4-BLK×1
P25-LTBLU×2 M1-WHT×1
P26-LTBLU×2

uKit Explore 开发板×1 开发板正面保护壳×1 开发板反面保护壳×1

图 3-7 所需电子元器件和外观结构件

图 3-8 巡线机器人效果图

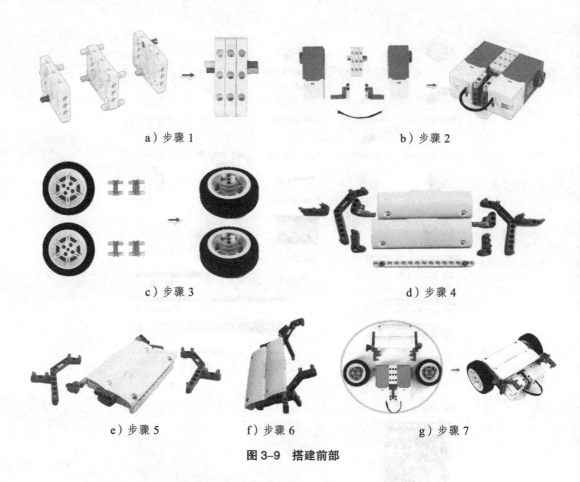

a）步骤1　　　　　b）步骤2

c）步骤3　　　　　d）步骤4

e）步骤5　　　　f）步骤6　　　　g）步骤7

图 3-9　搭建前部

（2）搭建主控板

完成前部之后，可根据图 3-10 所示搭建主控板。

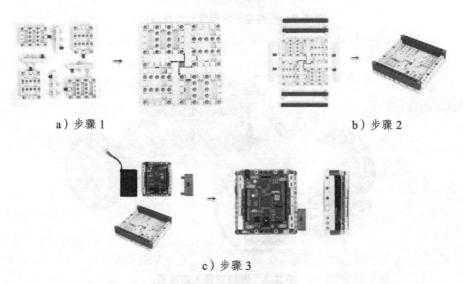

a）步骤1　　　　　b）步骤2

c）步骤3

图 3-10　搭建主控板

（3）搭建后部

根据图 3-11 所示可搭建后部。

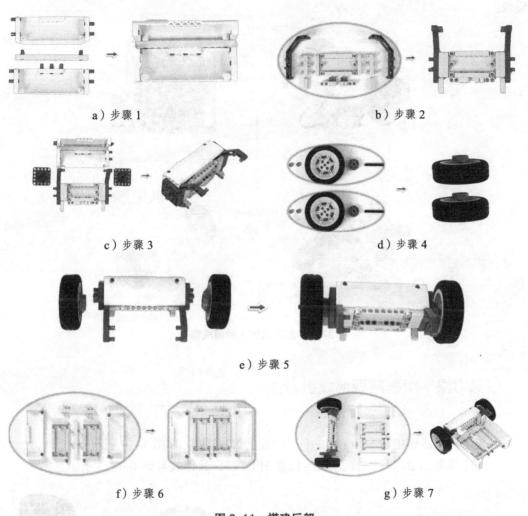

a）步骤 1

b）步骤 2

c）步骤 3

d）步骤 4

e）步骤 5

f）步骤 6

g）步骤 7

图 3-11 搭建后部

（4）组装灰度传感器

到此已经搭建好了巡线机器人的基础部件，接下来需要组装灰度传感器，如图 3-12 所示。

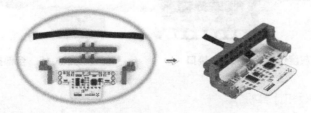

图 3-12 组装灰度传感器

（5）组装巡线机器人

最后将所有部件（见图 3-13）组装在一起，即可完成图 3-8 所示的巡线机器人模型。

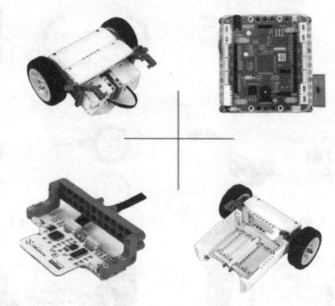

图 3-13　巡线机器人的组成部分

任务 3.2　编程实现巡线机器人

（1）连接电机、开关和灰度传感器

将灰度传感器连接在 uKit Explore 开发板上 X3 接口，如图 3-14 所示。

开关连接至 2PIN 口，电机连接至任意 3PIN 口，具体效果如图 3-15 所示。

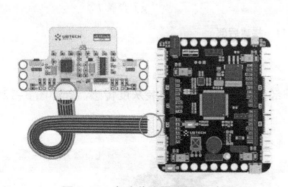

图 3-14　灰度传感器连接 X3 接口

图 3-15　全部接口示意图

（2）连接开发板和计算机

使用 USB 数据线连接 uKit Explore 开发板和计算机。

（3）编写并上传巡线机器人程序

1）打开 Arduino IDE，编写巡线机器人程序，使巡线机器人的行驶模式简单定义为：直行、左转、右转和停止，并根据灰度传感器识别到的状态来控制巡线机器人。

以巡线地图是黑色，其他区域是白色为例，考虑以下几种情况：

①当 3 号检测点为黑色时，如果 2 号和 4 号检测点分别为黑色和白色，说明靠右的 4 号检测点偏离黑线，需要控制巡线机器人左转，反之右转；当 2 号和 4 号检测点同为黑色或白色，则让巡线机器人直行。

②当 3 号检测点为白色时，如果 2 号和 4 号检测点分别为黑色和白色，说明靠左的 2 号检测点靠近黑线，需要控制巡线机器人左转，反之右转；当 2 号和 4 号检测点同为黑色或白色，则让巡线机器人停止。

这个简单的控制方式能够让巡线机器人适应大部分情况，但在巡线机器人偏离线时，3 号检测点为白色，此时可能通过多次转向调整仍无法回归正确的方向，因此需要通过两个变量（参考代码中使用 rnum 和 lnum 两个参数）来统计此时的转向次数，当转向调整达到一定次数时，让巡线机器人尝试直行来寻找正确的方向。

注意：若搭建的巡线机器人使用的舵机型号、连线情况有差异，则代码需要对应地做调整。

2）输入完成后，单击"编译"检查代码有无错误。确保没有错误后就可以开始上传了，单击"上传"之后 IDE 会把代码发送给 uKit Explore 开发板。

（4）灰度传感器采集颜色

上传完成后，用黑色胶带搭建一个巡线地图，使用灰度传感器进行颜色采集。

1）如图 3-16 所示，按下灰度传感器复位键"Reset"，清除其以前采集的数据，观察到 LED1~5 五个指示灯闪烁，最后剩下 LED1、LED5 常亮。

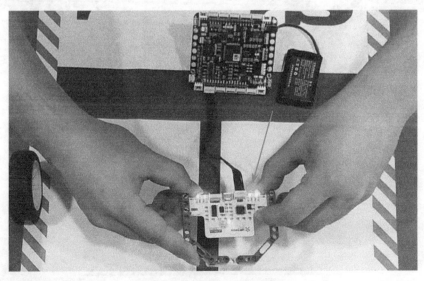

图 3-16　按下"Reset"键

2）连续两次按下"Record"键，将灰度传感器放在白色区域，再次按下"Record"键，同样观察到 LED3 指示灯闪烁，如图 3-17 所示。

3）将灰度传感器放在黑色区域，再次按下"Record"键，观察到 LED3 指示灯闪烁，如图 3-18 所示。当观察到 5 个指示灯全部闪烁，表示两种颜色采集完成，如图 3-19 所示。

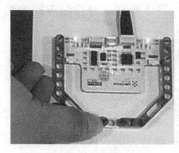 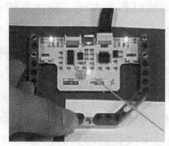 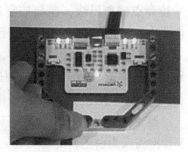

图 3-17　采集白色　　　　　　图 3-18　采集黑色　　　　　　图 3-19　颜色采集完成

（5）测试巡线机器人

完成颜色采集后，将巡线机器人放入巡线地图，会看到巡线机器人的行驶情况。当灰度传感器检测到黑线在巡线机器人两轮之间，则双轮转动巡线直行，如图 3-20 所示；当灰度传感器检测到黑线在巡线机器人偏右侧，则右轮转动进行右转，如图 3-21 所示；当灰度传感器检测到黑线在巡线机器人偏左侧，则左轮转动进行左转，如图 3-22 所示。

图 3-20　巡线直行　　　　　　　　　　　图 3-21　右转

图 3-22　左转

任务评价

班级		姓名		学号		日期		
自我评价	1. 是否能正确搭建一个巡线机器人和灰度传感器					☐是 ☐否		
	2. 是否能通过编程调用 setMotorTurn( ) 控制电机驱动					☐是 ☐否		
	3. 是否能通过编程调用 getGrayAllValue( ) 读取灰度传感器数值					☐是 ☐否		
	4. 是否能通过编程实现巡线机器人巡线行驶					☐是 ☐否		
	5. 在完成任务时遇到了哪些问题？是如何解决的							
	6. 是否能独立完成工作页的填写					☐是 ☐否		
	7. 是否能按时上、下课，着装规范					☐是 ☐否		
	8. 学习效果自评等级					☐优 ☐良 ☐中 ☐差		
	9. 总结与反思							
小组评价	1. 在小组讨论中能积极发言					☐优 ☐良 ☐中 ☐差		
	2. 能积极配合小组完成工作任务					☐优 ☐良 ☐中 ☐差		
	3. 在查找资料信息中的表现					☐优 ☐良 ☐中 ☐差		
	4. 能够清晰表达自己的观点					☐优 ☐良 ☐中 ☐差		
	5. 安全意识与规范意识					☐优 ☐良 ☐中 ☐差		
	6. 遵守课堂纪律					☐优 ☐良 ☐中 ☐差		
	7. 积极参与汇报展示					☐优 ☐良 ☐中 ☐差		
教师评价	综合评价等级： 评语： 教师签名：　　　　日期：							

任务拓展

巡线机器人是通过地上的黑色线来判断运动的路线的，如果遇到一个黑色十字交叉，即遇到十字路口，巡线机器人该如何运动呢？并尝试考虑解决方案。

项目小结

本项目中介绍了电机、灰度传感器的工作原理，介绍了 int 变量、void 函数、局部变量与全局变量等编程基础知识，通过搭建硬件并安装灰度传感器，构成了具备巡线功能的巡线机器人，最后操作灰度传感器采集颜色数据，并在 Arduino IDE 中通过编写程序让巡线机器人能够识别路线后并正确运行，从而达到巡线的功能。

项目四
导盲避障机器人

【项目导入】

对于视障人士来说，日常行走是生活中的重要难题。随着科技的发展，他们已经可以依赖一定的辅助设施独立行走，这些辅助设施包括传统的盲杖、加入声波探测障碍物功能的电子盲杖，还有其他的盲人导航设备，比如目前正在高速发展的导盲避障机器人，如图 4-1 所示。

导盲避障机器人属于智能特种机器人，它可以巡曲线运行并避开障碍物，也可用于医疗服务、智能导航等领域。本项目将介绍如何设计实现一个导盲避障机器人模型。

图 4-1　导盲避障机器人

项目任务

1）搭建一个导盲避障机器人模型。

2）通过 Arduino IDE 编程让导盲避障机器人模型能在行驶中绕开障碍物。

学习目标

1. 知识目标

1）进一步了解电动机的工作原理。

2）进一步掌握灰度传感器的工作原理。

3）了解舵机的工作原理。

4）了解超声波传感器的工作原理。

2. 能力目标

1）熟练掌握通过编程调用 setMotorTurn( ) 控制电动机驱动。

2）熟练掌握通过编程调用 getGrayAllValue( ) 读取灰度传感器数值。

3）熟练掌握通过编程调用 setServoAngle( ) 控制舵机转动。

4）熟练掌握通过编程调用 readUltrasonicDistance( ) 读取超声波传感器数值。

知识链接

1. 舵机

（1）舵机工作原理

舵机是一种位置（角度）伺服的驱动器，如图 4-2 所示，适用于需要角度不断变化并可以保持的控制系统。目前，舵机在高档遥控玩具，如飞机模型、潜艇模型和遥控机器人中已经得到了普遍应用。舵机主要由舵盘、减速齿轮组、位置反馈电位计、直流电

图 4-2　各种型号的舵机

动机、控制电路等组成。主要功能是通过发送信号让输出轴按指定角度旋转。大多数舵机可以最大旋转180°，也有一些能转更大角度，甚至360°。

舵机常用于对角度有要求的场合，如摄像头、智能小车前置探测器和需要在某个范围内进行监测的移动平台。在很多人形机器人身上，舵机则可以作为机器人的关节部分。

uKit Explore 在传统电动机的基础上，搭载了专业的舵机。在这个小巧的舵机内，集成着 MCU 系统、优化的 PID 算法、传感反馈系统、行星变速齿轮系统，可以达到非常高的控制精度和很小的时间误差。

（2）舵机的使用方法

图 4-3 所示为 uKit Explore 开发板套件中使用的舵机。舵机连接在 uKit Explore 开发板的任意一个 3PIN 口即可。舵机可以串联多个，它是依靠 ID 来控制的，在控制时需要注意舵机的 ID 是否输入正确。硬件连接方面要使用 USB 数据线连接 uKit Explore 开发板和计算机，3PIN 口接入舵机、uKit Explore 开发板接入电源即可。

图 4-3　uKit Explore 开发板套件中使用的舵机

使用 uKit Explore 开发板驱动舵机时，需引用程序所依赖的函数库如下：

```
#include"uKitExplore2En.h"
```

控制舵机转动的函数如下：

```
setServoAngle(i,a,t);
```

其中，参数 i 表示舵机的 ID；参数 a 表示舵机的目标角度；参数 t 表示运行到的目标角度的时间。

控制舵机停止的函数如下：

```
setServoStop(i);
```

其中，参数 i 表示舵机的 ID。

2. 超声波传感器

（1）超声波传感器的工作原理

超声波传感器是将超声波信号转换成其他信号（通常是电信号）的传感器。超声波是振动频率高于 20kHz 的机械波。它具有频率高、波长短、绕射现象小、方向性好、可定向传播等特点。超声波对液体、固体的穿透本领很大，尤其是在不透明的固体中。超声波碰到杂质或分界面会产生显著反射形成反射回波，碰到活动物体能产生多普勒效应。超声波传感器的工作原理如图 4-4 所示。

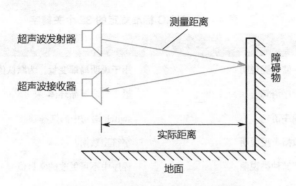

图 4-4　超声波传感器的工作原理

由于超声波传感器具有数据稳定的特点，人们将其应用在机器人移动平台上。通过监测发射的一连串调制超声波及其回波的时间差，来得知传感器与目标物体间的距离值。

（2）超声波传感器的使用方法

如图 4-5 所示，uKit Explore 开发板套件中需要用到超声波传感器。硬件连接方面要使用 USB 数据线连接 uKit Explore 开发板和计算机、3PIN 口接入电动机、uKit Explore 开发板接入电源并打开开关。

图 4-5　超声波传感器

打开 Arduino IDE，输入下列代码，可实现读取超声波 ID-1 的距离并打印到串口。

```
#include"uKitExplore2En.h"
void setup() {
  Initialization();
}
void loop(){
  Serial.print("Ultrasonic_distance:");
  Serial.println(readUltrasonicDistance(1));
  delay(300);
}
```

3. 静态变量 static

static 用于创建只对某一函数可见的静态变量。它和局部变量不同的是，局部变量在每次调用函数时都会被创建和销毁，静态变量只会在函数第一次调用的时候被创建和初始化，而在函数调用结束之后仍然保持着原来的数据。

4. 关键字 const

关键字是编程语言保留的特殊标识符，它们具有固定的名称和含义，ANSIC 标准一共规定了 32 个关键字，见表 4-1。

表 4-1　ANSIC 标准规定的 32 个关键字

关键字	用途	说明
auto	存储种类说明	用于说明局部变量，为默认值
break	程序语句	退出最内层循环体
case	程序语句	switch 语句中的选择项
char	数据类型说明	字符型数据
const	存储种类说明	程序中不可更改的常量值
continue	程序语句	转向下一次循环
default	程序语句	switch 语句中的失败选择项
do	程序语句	构成 do-while 循环结构
double	数据类型说明	双精度浮点数
else	程序语句	构成 if-else 选择结构
enum	数据类型说明	枚举
extern	存储种类说明	在其他程序模块中说明了的全局变量
float	数据类型说明	单精度浮点数
for	程序语句	构成 for 循环结构
goto	程序语句	构成 goto 转移结构
if	程序语句	构成 if-else 选择结构
int	数据类型说明	整型数
long	数据类型说明	长整型数
register	存储种类说明	使用 CPU 内部寄存器的变量
return	程序语句	函数返回
short	数据类型说明	短整型数
signed	数据类型说明	有符号数，二进制数据中最高位为符号位
sizeof	运算符	计算表达式或数据类型的字节数
static	存储种类说明	静态变量
struct	数据类型说明	结构类型数据
switch	程序语句	构成 switch 选择结构

（续）

关键字	用途	说明
typedef	数据类型说明	重新进行数据类型定义
union	数据类型说明	联合类型数据
unsigned	数据类型说明	无符号数据
void	数据类型说明	无类型数据
volatile	数据类型说明	该变量在程序执行中可被隐含地改变
while	程序语句	构成 while 和 do–while 循环结构

　　const 是一个变量限定符，用于修改变量的性质，使其变为只读状态。这意味着该变量虽然可以和任何相同类型的其他变量一样使用，但不能改变其值。如果尝试为一个 const 变量赋值，编译时将会报错。

⮕ 任务实施

　　所需设施 / 设备：uKit Explore 开发板及配套电源、USB 数据线、uKit Explore 装配小车的机械组件、安装了 Arduino IDE 的计算机。

任务 4.1　搭建导盲避障机器人模型

　　利用 uKit Explore 开发板的电子元器件和外观结构件搭建一个导盲避障机器人模型，如图 4–6 所示。

图 4–6　导盲避障机器人模型

搭建一个导盲避障机器人模型所需组件如图 4–7 所示，每一组件都有相应的编号。

（1）搭建导盲避障机器人模型

　　首先需要搭建导盲避障机器人模型。该机器人模型采用轮式结构，另外还需要一个可以被动调整方向的转向轮，如图 4–8 所示。

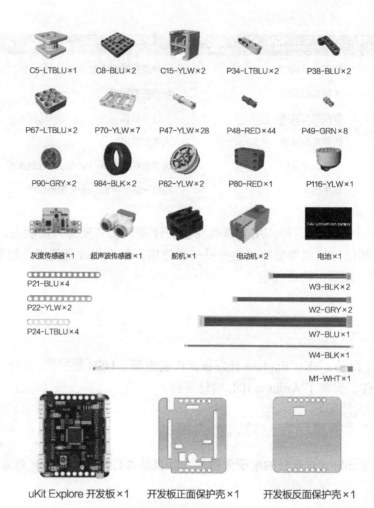

图 4-7　导盲避障机器人模型所需组件

图 4-8　导盲避障机器人模型及其组成部分

导盲避障机器人模型包含动力模块、灰度传感器模块、主控板和超声波模块四个部分，首先搭建超声波模块，如图4-9所示。

图4-9　搭建超声波模块

（2）搭建主控板

主控板是导盲避障机器人模型的主控部分，结构和组成如图4-10所示。

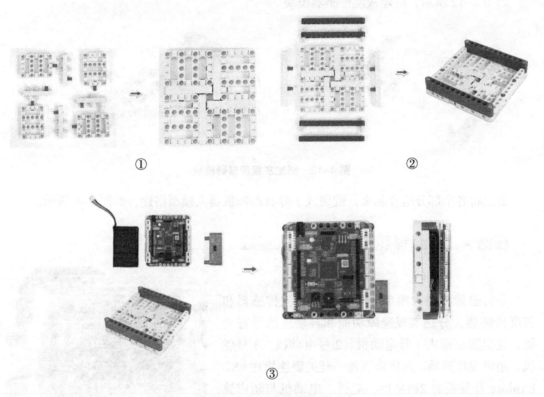

图4-10　搭建主控板

（3）搭建动力模块

如图4-11所示，搭建动力模块。

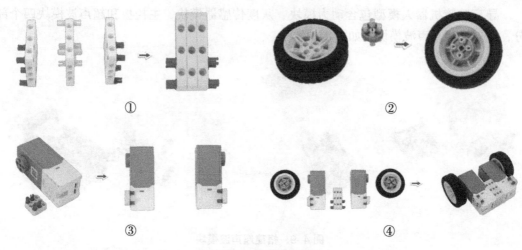

①　　　　　　　　　　　　　　　　　②

③　　　　　　　　　　　　　　　　　④

图 4-11　搭建动力模块

（4）搭建灰度传感器模块

如图 4-12 所示，搭建灰度传感器模块。

图 4-12　搭建灰度传感器模块

最后将各个部分组合起来，就完成了导盲避障机器人模型搭建，如图 4-6 所示。

任务 4.2　编程实现导盲机器人避障

（1）连接传感器、舵机与电动机

导盲避障机器人模型需要用到超声波传感器和灰度传感器，分别实现避障功能和自动巡线导盲功能。这里需要接入 1 号电动机、2 号电动机、3 号舵机、超声波传感器、灰度传感器。开关要连接在 uKit Explore 开发板的 2PIN 口，舵机、电动机与超声波传感器可以连接在任意的 3PIN 口，灰度传感器则需要连接在 X3 的 7PIN 口上，具体连接如图 4-13 所示。在控制时注意舵机、电动机与传感器的 ID，舵机、电动机与传感器是依靠 ID 来控制的。

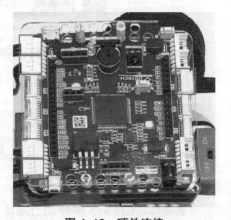

图 4-13　硬件连接

（2）连接开发板与计算机

使用 USB 数据线连接 uKit Explore 开发板和计算机即可。

（3）编写并上传导盲避障机器人模型的程序

1）打开 Arduino IDE，输入程序代码。

2）输入完成后，单击"编译"，检查代码有无错误。确保没有错误后就可以开始上传了，单击"上传"之后计算机会把代码发送给 uKit Explore 开发板。

（4）测试导盲避障机器人模型

如图 4-14 所示，将导盲避障机器人模型放在黑色巡线地图上，可看到导盲避障机器人模型的行驶状况。

当灰度传感器检测不到黑线时，舵机开始转动，超声波传感器会不断检测它与前方障碍物的距离，距离过近时，导盲避障机器人模型会自动转弯避开，如图 4-15 所示。

图 4-14　测试导盲避障机器人模型

图 4-15　自动避障

测试过程中，若导盲避障机器人模型出现倒车、舵机不转动的情况，需要检查舵机、电动机的 ID。如图 4-16 所示，舵机 ID 为 7，控制舵机转动的函数参数就需要设置为 7，否则舵机将不会转动。同理，两个电动机的 ID 若在代码中标反，导盲避障机器人模型就会出现倒车的现象。

```
setServoAngle(7,motorAngle,100);// 舵机模式 ID，角度，时长
```

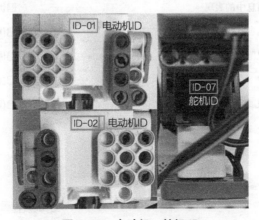

图 4-16　电动机、舵机 ID

　　排查完舵机 ID 后，若导盲避障机器人模型仍然出现舵机不转动的情况，则需要检查灰度传感器的工作状况。只有当灰度传感器检测不到黑色，即灰度传感器的灯为全灭状态时舵机才会转动。必要时应参照项目三介绍的采色方法对灰度传感器重新采色。

⟿ 任务评价

班级		姓名		学号		日期	
自我评价	1. 是否能正确搭建导盲避障机器人模型					□是　　□否	
	2. 是否能通过编程调用 setServoAngle( ) 控制舵机转动					□是　　□否	
	3. 是否能通过编程调用 readUltrasonicDistance( ) 读取超声波传感器数值					□是　　□否	
	4. 是否能通过编程实现导盲避障机器人模型转弯避开障碍物行驶					□是　　□否	
	5. 在完成任务时遇到了哪些问题？是如何解决的						
	6. 是否能独立完成工作页的填写					□是　　□否	
	7. 是否能按时上、下课，着装规范					□是　　□否	
	8. 学习效果自评等级					□优　□良　□中　□差	
	9. 总结与反思						
小组评价	1. 在小组讨论中能积极发言					□优　□良　□中　□差	
	2. 能积极配合小组完成工作任务					□优　□良　□中　□差	
	3. 在查找资料信息中的表现					□优　□良　□中　□差	
	4. 能够清晰表达自己的观点					□优　□良　□中　□差	
	5. 安全意识与规范意识					□优　□良　□中　□差	
	6. 遵守课堂纪律					□优　□良　□中　□差	
	7. 积极参与汇报展示					□优　□良　□中　□差	
教师评价	综合评价等级： 评语：						
					教师签名：　　　　　　日期：		

任务拓展

完成以上步骤后，思考一下，自动避障巡线的机器人除了导盲，还可以运用到什么场景，可以帮助到什么人或做成什么事。

项目小结

通过本项目的学习与实践，深刻理解机器人关键组件——舵机的工作原理和使用方法。

项目五
智能停车场

【项目导入】

    智能停车场（见图 5-1）是现代化停车场车辆收费及设备自动化管理的统称，是将停车场完全置于计算机统一管理下的高科技机电一体化产品。它以感应装置为载体，通过智能设备记录车辆及持卡人进出的相关信息，同时对其信息加以运算、传送并通过字符显示、语音播报等人机界面转化成人能够辨别和判断的信号，从而实现计时收费、车辆管理等目的。本项目将介绍如何设计实现一个智能停车场的搭建。

图 5-1　智能停车场

项目任务

1）搭建一个智能停车场。

2）通过 Arduino IDE 编程让智能停车场感应车辆进入、外出。

学习目标

1. 知识目标

1）了解四位数码管的工作原理。

2）了解红外传感器的工作原理。

2. 能力目标

1）掌握四位数码管的使用方法。

2）掌握红外传感器的使用方法。

3）通过编程调用 readInfraredDistance( ) 读取红外传感器数值。

知识链接

1. 数码管

（1）数码管的工作原理

数码管由 LED 组合而成，可分为七段数码管和八段数码管，区别在于八段数码管比七段数码管多一个用于显示小数点的 LED 单元 dp（decimal point），如图 5-2 所示，这些段分别由字母 a、b、c、d、e、f、g、h 来表示。其中 h 因为是小数点，所以也可以表示为 dp，在本书后面的介绍中 dp 和 h 表达的意思是一样的。

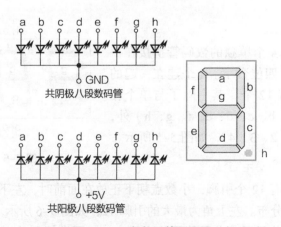

图 5-2　八段数码管原理图

也有一些集成了更多 LED 的数码管能够显示更多信息，如图 5-3 所示的米字形数码管。

对数码管不同的引脚输入电流使其发亮，可以显示出不同的数字，进而可以显示时间、日期、温度等所有可用数字表示的参数，这在电器特别是家用电器领域应用极为广泛，如显示屏、空调、热水器、冰箱等。绝大多数热水器用数码管作为显示器，其他家用电器也有用液晶显示器与荧光显示器的。

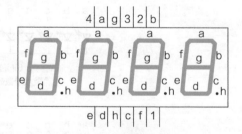

图 5-3　米字形数码管

（2）显示方式

如图 5-2 所示，八段数码管分为共阳极及共阴极两种，共阳极的八段数码管的正极（阳极）为八个 LED 的共有正极，其他接点为 LED 各自的负极（阴极），使用者只需把正极接电，不同的负极接地就能控制八段数码管显示不同的数字。共阴极的八段数码管与共阳极的只是接线方法相反而已。

七段数码管可以由特定的集成电路控制，只要向集成电路输入 4 位的二进制数字信号就能控制七段数码管显示，方便配合单片机使用，如图 5-4 所示。

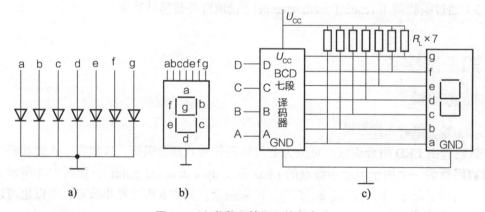

图 5-4　七段数码管显示控制电路

（3）四位数码管

四位数码管是由 4 个单独的数码管拼接在一起形成的，可以显示四位数字。4 个连在一起的数码管的引脚一共有 12 个，其中除了与单个相同的 8 个段控端（a、b、c、d、e、f、g、h）外，还有 4 个位控端（1、2、3、4），如图 5-5 所示。

图 5-5　四位数码管

（4）四位数码管的使用方法

四位数码管总共有 12 个引脚，小数点朝下正放在面前时，左下角为引脚 1，其他引脚按逆时针顺序旋转分布。左上角为最大的引脚 12，如图 5-6 所示。

智能停车场的车位显示部分是使用 uKit Explore 开发板驱动一个共阴极的四位数码

管。为了保护数码管内的 LED，不至于让工作电流超过其额定电流，通常需要串联限流电阻。限流电阻有两种接法：仅接在公共端和分别接在每个 LED 端。

如果采用第一种接法，接在四位数码管的 4 个共阳极端，即名称为 1、2、3、4 的引脚，共需接 4 个限流电阻，如图 5-7 所示。这种接法好处是需求电阻比较少，但是每一位上显示不同数字时亮度会不一样，显示"1"最亮，显示"8"最暗。另外一种接法就是在其他 8 个引脚上接限流电阻，这种接法亮度显示均匀，但是用电阻较多。

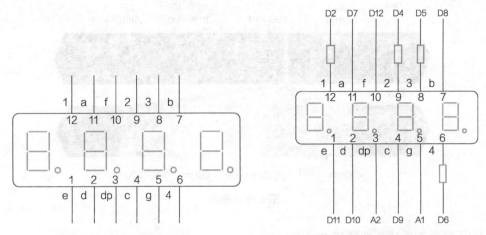

图 5-6 四位数码管引脚图　　　　图 5-7 四位数码管限流电阻的接法（接共阳极端）

为了简单起见，这里采用第一种接法，即通过如图 5-8 所示的方式连接四位数码管。在四位数码管之间添加 4 个 220Ω 的电阻。注意：四位数码管连接 uKit Explore 开发板数字引脚 D2、D4、D5、D6、D7、D8、D9、D10、D11、D12、A1、A2。

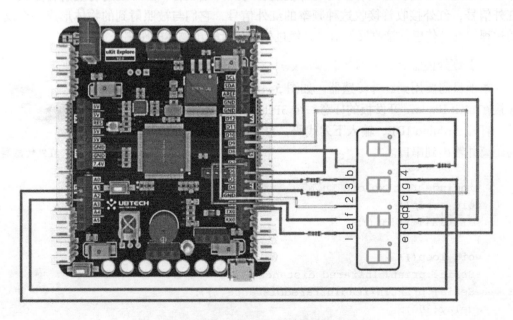

图 5-8 四位数码管连接 uKit Explore 开发板

2. 红外传感器

（1）红外线

红外线是频率介于微波与可见光之间的电磁波。如图 5-9 所示的光谱中，波长在 760nm~1mm 之间的为红外线，它是波长比红光更长的不可见光。温度高于绝对零度（即 -273.15℃）的物体都可以产生红外线。

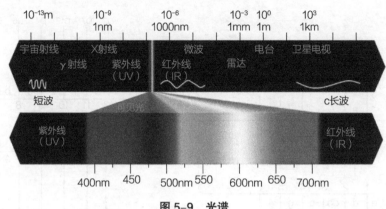

图 5-9　光谱

（2）红外测距传感器的工作原理

红外线具有反射、折射、散射、干涉、吸收等性质。红外传感器测量时不与被测物体直接接触，因而不存在摩擦，并且有灵敏度高、响应快等优点。

红外测距传感器利用红外信号遇到障碍物距离的不同反射强度也不同的原理，进行障碍物远近的检测。它具有一对红外发射管与红外接收管，红外发射管发射特定频率的红外信号，红外接收管接收这种频率的红外信号，它们与被照射到的物体形成一个反射的过程，红外传感器接收反射信号，经过处理后计算出物体的距离。

（3）红外传感器的使用方法

本项目需要用到红外传感器，如图 5-10 所示。红外传感器连接在 uKit Explore 开发板的任意一个 3PIN 口即可。

打开 Arduino IDE，输入下列代码，可实现读取红外传感器的距离并输出到串口。

图 5-10　红外传感器

```
#include"uKitExplore2En.h"
void setup() {
 Initialization();                          //CN:初始化
}
void loop(){
 Serial.print("Infrared_distance:");
 Serial.println(readInfraredDistance(1));
 delay(300);
}
```

3. unsigned long 变量

unsigned long 表示无符号长整型变量，它扩充了变量容量以存储更大的数据，即 32 位（4 字节）数据。与标准长整型变量不同，无符号长整型变量无法存储负数，其范围为 0~4294967295（$2^{32}-1$）。

无符号长整型变量语法为：

```
unsigned long var=val;
```

其参数如下：

var ——用户所定义的变量名。

val ——给变量所赋的值。

4. unsigned char 变量

unsigned char 是一个无符号数据类型变量，占用 1 个字节的内存。char 类型变量的大小通常为 1 个字节（1 字节 =8 位），且属于整型变量。整型变量的每一种都有无符号（unsigned）和有符号（signed）两种类型（float 和 double 总是带符号的），在默认情况下声明的整型变量都是有符号的类型（char 有点特别），如果需声明无符号类型的话就需要在类型前加上"unsigned"。无符号类型变量和有符号类型变量的区别就是无符号类型变量能保存 2 倍于有符号类型的数据，比如 16 位系统中 int 能存储的数据的范围为 -32768~32767，而 unsigned 能存储的数据范围则是 0~65535。

同样，在 32 位系统中一个 char 类型变量一般为 8 位，所以能存储的数据范围为 -128~127，而 unsigned char 则为 0~255，char 类型变量所存储的数据是用来表示字符的。

5. 布尔运算符

布尔运算是数字符号化的逻辑推演法，包括联合、相交、相减。以下布尔运算符可以用于 if 条件语句中。

（1）&&（逻辑与）

只有两个运算对象为"真"，才为"真"，如：

```
if (digitalRead(2)==HIGH && digitalRead(3)==HIGH)
{
// 读取两个开关的电平
// 如果两个为高电平，则为"真"。
}
```

（2）||（逻辑或）

只要一个运算对象为"真"，就为"真"，如：

```
if(x>0||y>0)
{
  // 如果 x 或 y 是大于 0，则为"真"。
}
```

（3）!（逻辑非）

如果运算对象为"假"，则为"真"，如：

```
if (!x)
{
  // 如果 x 为 "假"，则为真（即如果 x 等于 0）。
}
```

注意：符号为"&"（单符号）的位运算符"与"和布尔运算符的"与"符号"&&"（双符号）是完全不同的符号。同样，不要混淆布尔运算符"||"（双竖）和位运算符的"或"符号"|"（单竖）。

任务实施

所需设施 / 设备：uKit Explore 开发板及配套电源、USB 数据线、uKit Explore 装配停车场的机械组件、安装了 Arduino IDE 的计算机。

任务 5.1　搭建停车场模型

利用 uKit Explore 电子元器件和外观结构件搭建一个如图 5-11 所示的智能停车场模型，左右两个直杆分别模拟停车场的入口和出口的自动起落杆装置。所需组件如图 5-12 所示。

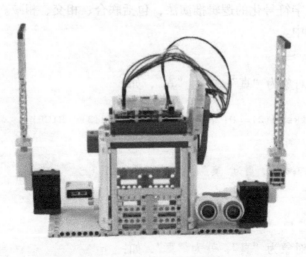

图 5-11　智能停车场模型

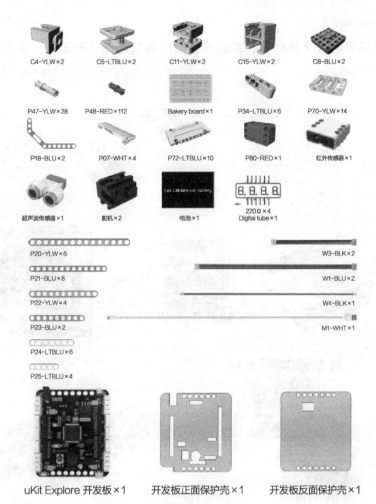

C4-YLW×2　C5-LTBLU×2　C11-YLW×2　C15-YLW×2　C8-BLU×2

P47-YLW×28　P48-RED×112　Bakery board×1　P34-LTBLU×6　P70-YLW×14

P18-BLU×2　P07-WHT×4　P72-LTBLU×10　P80-RED×1　红外传感器×1

超声波传感器×1　舵机×2　电池×1　220Ω×4 Digital tube×1

P20-YLW×6　　W3-BLK×2

P21-BLU×8　　W1-BLU×2

P22-YLW×4　　W4-BLK×1

P23-BLU×2　　M1-WHT×1

P24-LTBLU×6

P25-LTBLU×4

uKit Explore 开发板×1　开发板正面保护壳×1　开发板反面保护壳×1

图 5-12　智能停车场模型所需组件

智能停车场需要有两套自动起落杆装置，由于套件中分别有一个红外传感器和一个超声波传感器，应用它们分别构造自动起落杆装置，用以模拟停车场的入口和出口，具体模型以及组成部分如图 5-13 所示。

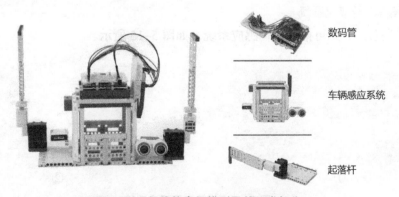

数码管

车辆感应系统

起落杆

图 5-13　智能停车场模型及其组成部分

（1）搭建数码管

智能停车场模型包含数码管、车辆感应系统和起落杆三个部分，首先搭建数码管，具体如图 5-14 所示。

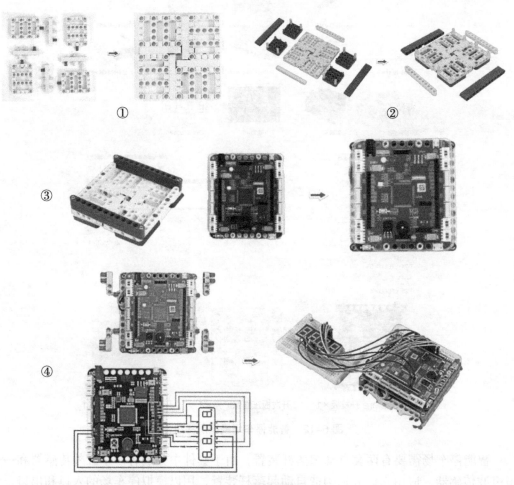

图 5-14　搭建数码管

（2）搭建车辆感应系统

搭建数码管后，则可搭建车辆感应系统，如图 5-15 所示。

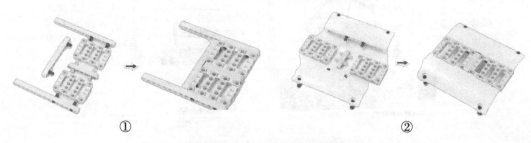

图 5-15　搭建车辆感应系统

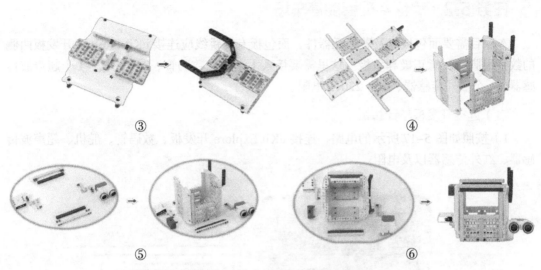

③　　　　　　　　　　　　　　　　④

⑤　　　　　　　　　　　　　　　　⑥

图 5-15　搭建车辆感应系统（续）

（3）搭建起落杆

最后搭建起落杆，如图 5-16 所示。

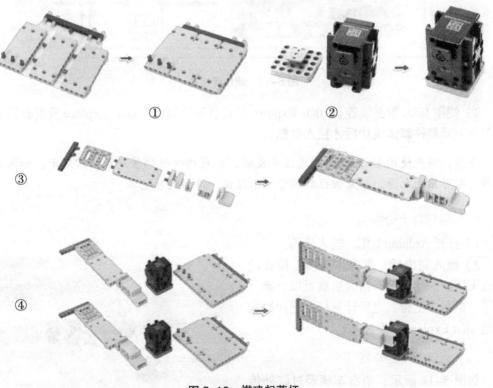

①　　　　　　　　　　　　②

③

④

图 5-16　搭建起落杆

将各个部分组合起来，智能停车场模型就搭建完成了。

任务 5.2　编程实现智能停车场

本项目需要面包板以及若干元器件，面包板专用跳线应连接 uKit Explore 开发板两侧的数字引脚，注意正极和负极。这里需要接入 1 个四位数码管、2 个舵机、1 个超声波传感器、1 个红外传感器、4 个 220Ω 电阻。

（1）连接开发板与计算机

1）按照如图 5-17 所示的电路，连接 uKit Explore 开发板、数码管、舵机、超声波传感器、红外传感器以及电阻。

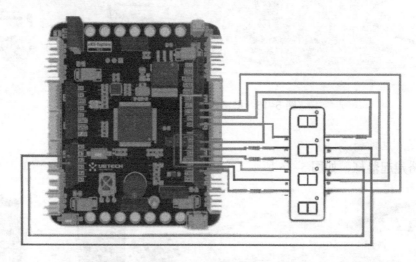

图 5-17　硬件连接图

2）使用 USB 数据线连接 uKit Explore 开发板和计算机，uKit Explore 开发板需要在面包板上元器件调试成功后才接入电源。

注意：应先使用 USB 数据线连接开发板，观察四位数码管是否正常显示。如果正常显示，即可接上电源。如果四位数码管显示错误，请勿连接电源。

（2）编写并上传智能停车场程序

1）打开 Arduino IDE，输入代码。

2）输入完成后，单击"编译"检查代码有无错误。确保没有错误后就可以开始上传了，单击"上传"之后计算机会把代码发送给 uKit Explore 开发板。

（3）测试智能停车场

如图 5-18 所示，当有车辆经过红外传感器一侧时，计数器减 1；当有车辆经过超声波传感器时（车辆外出），计数器加 1。

图 5-18　测试智能停车场

任务评价

班级		姓名		学号		日期	
自我评价	1. 是否能正确搭建数码管					☐是　　☐否	
	2. 是否能正确搭建停车场					☐是　　☐否	
	3. 是否能通过编程调用 readInfraredDistance( ) 读取红外传感器数值					☐是　　☐否	
	4. 是否能通过编程实现智能停车场检测车辆进入、外出					☐是　　☐否	
	5. 在完成任务时遇到了哪些问题？是如何解决的						
	6. 是否能独立完成工作页的填写					☐是　　☐否	
	7. 是否能按时上、下课，着装规范					☐是　　☐否	
	8. 学习效果自评等级					☐优　☐良　☐中　☐差	
	9. 总结与反思						
小组评价	1. 在小组讨论中能积极发言					☐优　☐良　☐中　☐差	
	2. 能积极配合小组完成工作任务					☐优　☐良　☐中　☐差	
	3. 在查找资料信息中的表现					☐优　☐良　☐中　☐差	
	4. 能够清晰表达自己的观点					☐优　☐良　☐中　☐差	
	5. 安全意识与规范意识					☐优　☐良　☐中　☐差	
	6. 遵守课堂纪律					☐优　☐良　☐中　☐差	
	7. 积极参与汇报展示					☐优　☐良　☐中　☐差	
教师评价	综合评价等级： 评语： 教师签名：　　　　日期：						

任务拓展

完成以上步骤后，请尝试用开发板的其他套件和结构件搭建出具有自己特色的模型。

项目小结

本项目学习了数码管的基本工作原理，以及用来判断距离的红外测距传感器的工作原理及使用方法，之后组合各种组件搭建了智能停车场，最后在 Arduino IDE 中编程，模拟实现真实场景中停车场的基本功能。

项目六
LED 点阵广告牌

【项目导入】

　　生活中人们经常见到 LED 点阵灯牌、LED 广告牌、LED 展示牌，它们通过 LED 在基板上组成文字和图案，接通电源，可以发出红、黄、橙、蓝、白、绿、粉等各种漂亮颜色的光，还可以闪烁、变换等，可达到宣传及展示的效果，如图 6-1 所示。

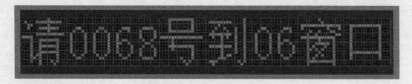

图 6-1　LED 点阵广告牌

⟲ 项目任务

1）采用 uKit Explore 作为控制系统，面包板作为载体，8×8LED 点阵作为显示系统。
2）能够实现英文字母和心形图案的滚动显示，即循环显示"I ♥ U"。

⟲ 学习目标

1. 知识目标

1）了解 LED 点阵的物理构造。
2）了解 LED 点阵显示的原理。

2. 能力目标

1）熟练掌握 8×8LED 点阵的电路搭建方法。
2）能够通过 C 语言程序控制 8×8LED 点阵的显示。
3）能够通过 C 语言程序实现在 8×8LED 点阵上显示多种滚动效果。

⟲ 知识链接

1. LED 点阵

（1）LED 点阵概述

LED 点阵由 LED（发光二极管）组成，以 LED 的亮和灭来显示文字、图片、动画或视频。每个 LED 放置在行线和列线的交叉点上。如果阵列每行的正极（阳极）连在一起，则该阵列为共阳极接法；负极（阴极）连在一起则为共阴极接法。如图 6-2 所示，阵列每行的阳极接在了一起，故为共阳极 LED 点阵。

以图 6-3 所示的共阳极 8×8 LED 点阵为例，它共由 64 个 LED 组成，且每个 LED 放置在行线和列线的交叉点上，当对应的某一行置高电平，某一列置低电平，则相应的 LED 就会亮。8×8 LED 点阵工作示意图如图 6-4 所示。

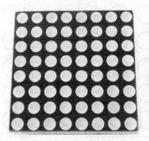

图 6-2　8×8 点阵内部原理图

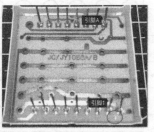

图 6-3　8×8 LED 点阵

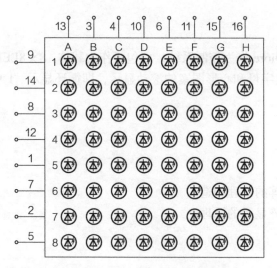

图 6-4　8×8 LED 点阵工作示意图

（2）几种常用 LED 点阵应用

下面介绍几种常用的 LED 点阵应用。

1）让第 2 行的 8 个 LED 全部点亮。要完成让第 2 行的 8 个 LED 全部点亮，具体设置方法如下，如图 6-5 所示：

①行引脚电平设置：将第 2 行所对应的引脚接高电平，而其余行（1、3、4、5、6、7、8）对应的引脚全部接低电平。

②列引脚电平设置：将所有的列对应的引脚接低电平。

2）让第 5 列的 8 个 LED 全部点亮。要实现第 5 列的 8 个 LED 全部点亮，具体设置方法如下，如图 6-6 所示：

①行引脚电平设置：需要将所有行对应的引脚接高电平。

②列引脚电平设置：仅仅将第 5 列对应引脚接低电平，其余列引脚接高电平。

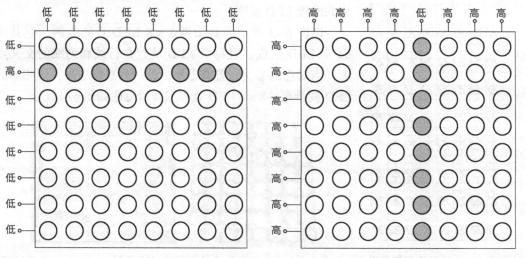

图 6-5　点亮 LED 点阵第 2 行的引脚电平示意图　　图 6-6　点亮 LED 点阵第 5 列的引脚电平示意图

3）点亮第 2 行第 5 列所对应的 LED。要点亮第 2 行第 5 列所指示的那个 LED，具体设置方法如下，如图 6-7 所示：

①行引脚电平设置：将第 2 行对应引脚接高电平，其余行对应引脚接低电平。

②列引脚电平设置：仅仅将第 5 列对应引脚接低电平，其余列引脚接高电平。

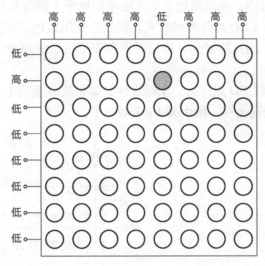

图 6-7　点亮 LED 点阵第 2 行第 5 列一个 LED 的引脚电平示意图

2. LED 点阵显示屏

前面已经介绍了 8×8 LED 点阵，将四个 8×8 LED 点阵组合在一起就形成了 16×16 LED 点阵，它显示的内容就会更多更丰富，如图 6-8 所示。当 LED 点阵的集成度越来越高，就可以称为 LED 点阵显示屏了，它通常是由几万到几十万个 LED 作为像素点均匀排列组成的。利用不同的材料可以制造不同色彩的 LED 像素点。

LED 点阵显示屏分为图文显示屏和视频显示屏，均由 LED 点阵块组成。图文显示屏可与计算机同步显示汉字、英文文本和图形；视频显示屏采用微型计算机进行控制，文字、图像并茂，以实时、同步、清晰的信息

图 6-8　16×16 LED 点阵

传播方式播放各种信息，还可显示二维 / 三维动画、录像、电视、VCD 节目以及现场实况。LED 点阵显示屏显示画面色彩鲜艳，立体感强，静如油画，动如电影，广泛应用于车站、码头、机场、医院、宾馆、银行等各种公共场所。

LED 点阵之所以受到广泛重视而得到迅速发展，是与它本身所具有的优点分不开的。它用高亮度 LED 芯片进行阵列组合后，再透过环氧树脂和塑膜封装而成。具有亮度高、功耗低、引脚少、视角大、寿命长、耐湿、耐冷热、耐腐蚀等特点。

3. 8×8 LED 点阵引脚检测

LED 点阵的引脚可以用一个指针式万用表检测，具体测定步骤如下：

（1）定正负极

把万用表拨到电阻档，先用黑色表笔（输出高电平）随意选择一个引脚，再用红色表笔碰余下的引脚，看 LED 点阵有没发光，没发光就用黑色的表笔再选择一个引脚，红色表笔碰余下的引脚，当点阵发光，则这时黑色表笔接触的那个引脚为正极，红色表笔碰到的引脚为负极。

如图 6-9 所示，该 LED 点阵为共阳极设计，如果要点亮第 1 个 LED，即第 1 行第 1 列，就应该给引脚 9 送高电平，给引脚 13 送低电平。

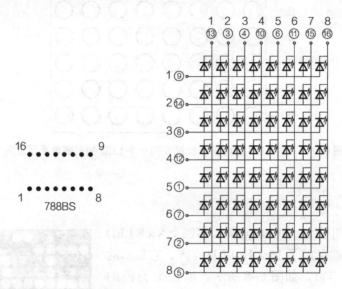

图 6-9 8×8 LED 点阵引脚

（2）引脚编号

使用万用表检测时，为方便记录，可以先把引脚的正负分布情况记下来，正极（行）用数字表示，负极（列）用字母表示，先定负极引脚编号，黑色表笔选定一个正极引脚，红色表笔点住负极引脚，看是第几列的 LED 发光，第 1 列就在该列引脚标 A，第 2 列就在该列引脚标 B，第 3 列……以此类推。这样就把点阵的一半引脚都编号了。剩下的正极引脚用同样的方法，第 1 行就在该行引脚标 1，第 2 行就在该行引脚标 2，第 3 行……以此类推。

⛯ 任务实施

所需设施 / 设备：uKit Explore 开发板 1 个、8×8 LED 点阵 1 个、面包板 1 个、连接开发板和点阵的连接线若干、一台能够接入网络的计算机。

任务 6.1　编程控制点亮第一个 LED

本任务主要完成点亮 LED 点阵的第 1 行第 1 列对应的 LED。具体操作步骤如下：

（1）硬件连接

1）准备所需器材，如图 6-10 所示。

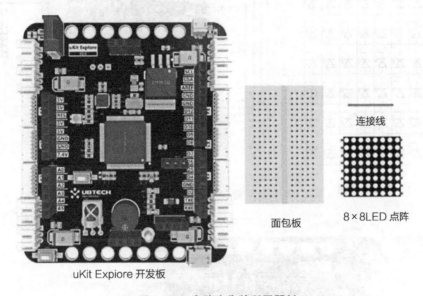

uKit Explore 开发板　　　　　面包板　　　　连接线　8×8LED 点阵

图 6-10　点阵广告牌所需器材

2）硬件模块连接。硬件模块的连接步骤如下：

①连接 uKit Explore 开发板和计算机。用面包板专用跳线连接在 uKit Explore 开发板两侧的数字引脚，注意正极和负极，使用 USB 数据线连接即可。

②点阵连接。这里接入 1 个 8×8 LED 点阵。LED 点阵连接 uKit Explore 开发板数字引脚 A0、A1、A2、A3、A4、A5、D2、D4、D5、D6、D7、D8、D9、D10、D11、D12。电路原理图如图 6-11 所示，其中引脚处圆圈中的数字是 LED 点阵引脚编号，圆圈外的则是 uKit Explore 开发板对应的引脚编号。硬件电路连接如图 6-12 所示，并且可以提前将后续任务要用到的引脚都连接好。

（2）设置高电平和低电平

找到第 1 行第 1 列的 LED 引脚编号，设置对应高电平和低电平。由图 6-11 可知，第 1 行的引脚编号是 9，第 1 列的引脚编号是 13，把引脚 9 设置高电平，引脚 13 设置低电平，就可以实现点亮第一个 LED。

（3）引脚连接

LED 点阵引脚 9 连接 uKit Explore 开发板的引脚 D2，LED 点阵引脚 13 连接 uKit Explore 开发板的引脚 D7，即 8×8 LED 点阵连接 uKit Explore 开发板引脚 D7、D2，如图 6-13 所示。

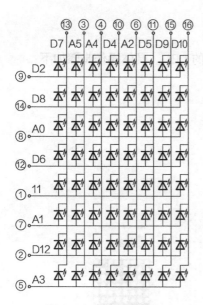

图 6-11 电路原理图

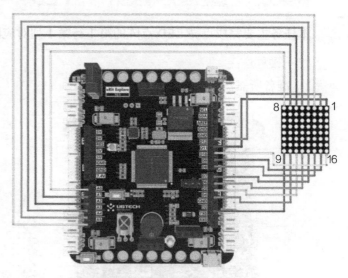

图 6-12 硬件电路连接

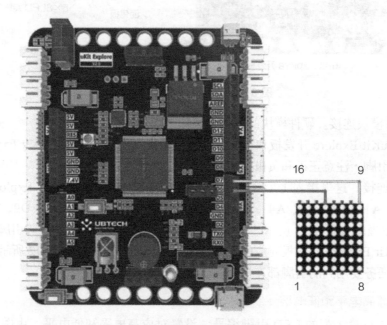

图 6-13 连接 8×8 LED 点阵

（4）编程点亮第 1 行第 1 列的 LED

1）打开 Arduino IDE，输入点亮第 1 行第 1 列 LED 的编程代码。具体代码如下：

```
/* 点亮第一颗 8×8LED */
int pin9=2;    //LED 引脚 9 连接 uKit Explore 引脚 D2
int pin13=7;   //LED 引脚 13 连接 uKit Explore 引脚 D7
```

```
void setup()
{
pinMode(pin9,OUTPUT);
pinMode(pin13,OUTPUT);
digitalWrite(pin9,HIGH);
digitalWrite(pin13,HIGH);
}
void loop()
{
// 引脚 13 低电平, LED 亮;
digitalWrite(pin13,LOW);
delay(200);
// 引脚 13 高电平, LED 两端都是高电平, 无电流, 灭。
digitalWrite(pin13,HIGH);
delay(200);
}
```

2）编译并上传代码。输入完成后，单击"编译"检查代码有无错误。确保没有错误后就可以开始上传了，单击"上传"之后计算机会把代码发送给 uKit Explore 开发板。编译和上传步骤这里不再赘述。

3）运行代码，点亮 LED。完成以上步骤后，进行运行即可实现第 1 行第 1 列的 LED 点亮，8×8 LED 点阵第一颗点会不断地闪烁。

任务 6.2　编程显示 "I ♥ U" 图案

本任务需要实现在 LED 点阵广告牌上滚动显示英文字母和心形图案：I、♥（心形）、U，也即显示：I love you。

（1）打开 Arduino IDE 并输入编程代码

在 Arduino IDE 中输入滚动显示英文字母和心形图案：I、♥（心形）、U 的编程代码。

（2）编译和上传代码

输入完成后，单击"编译"检查代码有无错误。确保没有错误后就可以开始上传了，单击"上传"之后计算机会把代码发送给 uKit Explore 开发板。编译和上传步骤这里不再赘述。

（3）运行代码

如图 6-14 所示，运行代码，LED 点阵广告牌上会循环地显示 "I ♥ U"。

图 6-14　LED 点阵广告牌显示效果

任务评价

班级		姓名		学号		日期	
自我评价	1. 能够正确说出 LED 点阵的物理构造原理					□是　　□否	
	2. 能够正确说出 LED 点阵显示的原理					□是　　□否	
	3. 能够按照正确方法搭建 8×8 LED 点阵的电路					□是　　□否	
	4. 能够通过 C 语言程序控制 8×8 LED 点阵的显示					□是　　□否	
	5. 能够通过 C 语言程序实现在 8×8 LED 点阵上的多种滚动效果					□是　　□否	
	6. 在完成任务时遇到了哪些问题？是如何解决的						
	7. 是否能独立完成工作页 / 任务书的填写					□是　　□否	
	8. 是否能按时上、下课，着装规范					□是　　□否	
	9. 学习效果自评等级					□优　□良　□中　□差	
	10. 总结与反思						
小组评价	1. 在小组讨论中能积极发言					□优　□良　□中　□差	
	2. 能积极配合小组完成工作任务					□优　□良　□中　□差	
	3. 在查找资料信息中的表现					□优　□良　□中　□差	
	4. 能够清晰表达自己的观点					□优　□良　□中　□差	
	5. 安全意识与规范意识					□优　□良　□中　□差	
	6. 遵守课堂纪律					□优　□良　□中　□差	
	7. 积极参与汇报展示					□优　□良　□中　□差	
教师评价	综合评价等级： 评语：						
					教师签名：　　　日期：		

任务拓展

请尝试用 8×8 LED 点阵显示其他的字母或者符号，例如 "Z" "M" 或 "？"。

项目小结

本项目介绍了 LED 点阵的构成和工作原理，最后在 Arduino IDE 中编程实现在 8×8 LED 点阵上显示寓意 "I LOVE YOU" 的符号。

第二部分

人形机器人应用开发

07

项目七
人形机器人组装与调试

【项目导入】

人形机器人是一种旨在模仿人类外观和行为的机器人，尤其特指具有和人类相似结构的种类，如图 7-1 所示。人形机器人及其概念常见于电影、电视、漫画、小说，随着机器人学的快速发展，目前已经设计出功能化、拟真化的人形机器人。人形机器人集机、电、材料、计算机、传感器、控制技术等多门学科于一体，是一个国家高科技实力和发展水平的重要标志，因此，国内及国外都在研制人形机器人方面做了大量的工作，并已取得突破性的进展。

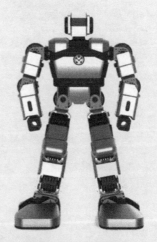

图 7-1　人形机器人

项目任务

1）完成人形机器人的组装与网络连接。
2）在 APP 中完成对人形机器人的舵机校正。
3）用 VNC 完成对人形机器人的连接与基础操作。
4）完成对人形机器人的运动控制。

学习目标

1. 知识目标

1）了解人形机器人的基本概念及种类。
2）了解支撑人形机器人的关键技术。
3）熟悉人形机器人舵机及其相关操作。
4）熟悉 Blockly 编程。

2. 能力目标

1）能够熟练安装调试人形机器人。
2）能够熟练校正人形机器人。
3）能够使用回读编程完成人形机器人控制。
4）能够熟练测试语音模块。
5）能够熟练完成人形机器人联网操作。
6）能够熟练使用相关 APP 对人形机器人进行运动控制。

知识链接

1. 智能机器人

机器人行业正处于快速发展的过程中，其形态也逐步从典型的工业机械臂延伸到更为复杂的人形机器人。

（1）智能机器人的种类

智能机器人根据应用领域的不同，大致可分为以下几种：

1）工业机器人：一般包括搬运机器人、喷涂机器人及协作机器人等。
2）行业应用服务机器人：医疗机器人、物流机器人、送餐机器人及导购机器人等。
3）家用机器人：儿童教育机器人、老人看护机器人、情感陪伴机器人、清洁机器人等。
4）军用智能机器人：智能战斗机器人、智能侦察机器人、智能警戒机器人、智能工兵机器人、智能运输机器人等。

（2）智能机器人的行业发展前景

当前，全球正迈入人工智能时代，大力发展智能机器人产业既是实现人工智能与实体经济深度融合的关键发力点，也是经济发展从高速阶段转向高质量阶段的要求。

1）国家政策的引导与扶持。国家对机器人产业的引导路线，注重产业整体水平提升。从宏观来看，制定更加严格的行业规范，促使机器人产业理性发展，从机器人产品推荐、检测认证、企业资质、质量要求等方面提高产业门槛；从发展方向来看，国家大力推进智能工业、服务、特种机器人产业发展，重点培育龙头企业，带动产业整体质量提升。

2）我国人口老龄化，服务机器人市场规模巨大。我国工业机器人市场规模从2013年起一直稳居世界第一，同时，我国服务机器人市场潜力也在快速释放，在人口红利下降、可支配收入增加等多重因素影响下，今后有可能成为世界最大的服务机器人消费市场。

3）懒人经济进一步促进家用服务机器人市场。"懒人"是推动社会进步的原动力，这句话背后蕴藏着朴素的经济规律。市场经济浪潮下，人类社会的分工与合作越来越细，越来越多，促使各类服务机器人的销售增长。

以清洁机器人为例，在下游需求端的刺激下，我国清洁机器人市场近年来保持高速发展。从需求端来看，随着收入水平提升、消费升级深化，"90后"年轻人成为消费主力。清洁机器人凭借全自动高频清扫，以及对床下、桌下等清扫死角的覆盖能力，极大程度地解放了消费者的家庭打扫负担，在"懒人化"消费逐渐兴起的今天，具备极强的刚需属性，因而潜在空间巨大。

（3）智能机器人的核心技术

1）自主定位导航技术。自主定位导航技术主要包括了自主地图构建（基于现有地图、离线地图及同步定位和建图）、实时环境定位（同步定位和建图与信标定位等）、运动和导航（全局、局部路径规划及障碍物规划）、相关传感器技术（激光雷达、深度摄像头等）。

2）人机交互技术。人机交互技术主要包含语音识别、语义理解、人脸识别、图像识别、体感/手势交互等技术。语音识别、合成、理解等技术可实现更精准的营销和专属服务。人脸识别可帮助商家精准地识别用户，并主动与用户打招呼，提升用户体验。这些交互方式的改变将会深层次地影响人们日常生活的应用场景。

3）多传感器信息耦合技术。多传感器信息耦合就是指综合来自多个传感器的感知数据，以产生更可靠、更准确或更全面的信息，经过耦合的多传感器系统能够更加完善、精确地反映检测对象的特性，消除信息的不确定性，提高信息的可靠性。

4）路径规划技术。路径规划就是依据某个或某些优化准则，在机器人工作空间中找到一条从起始状态到目标状态、可以避开障碍物的最优路径。

5）机器视觉技术。机器视觉技术，是一类涉及人工智能、神经生物学、心理学、物理学、计算机科学、图像处理、模式识别等诸多领域的技术。机器视觉技术主要用计算机来模拟人的视觉功能，从客观事物的图像中提取信息，进行处理并加以理解，最终用于实际检测、测量和控制。机器视觉技术最大的特点是速度快、信息量大、功能多。

2. 人形机器人

（1）认识 NAO 机器人

NAO 机器人是由法国 Aldebaran Robotics 公司（已被软银集团收购）开发的一种应用遍及全球教育市场的双足人形机器人。如图 7-2 所示，58cm 高的 NAO 机器人拥有与人类一样自然的肢体语言，能够听、看、说，也能够与人互动，或 NAO 机器人之间彼此进行互动。NAO 机器人提供了一个独立、完全可编程、功能强大且易用的操作应用环境。

NAO 机器人是一款人工智能机器人。它拥有讨人喜欢的外形，而且具备一定水平的人工智能，能够与人亲切地互动。

NAO 机器人是在学术领域世界范围内广泛应用的人形机器人。2007 年 7 月起，NAO 机器人被机器人世界杯（Robo Cup）组委会选定为标准平台，作为索尼机器狗爱宝（Aibo）的继承者。Robo Cup 分为不同的比赛组。"标准平台组"中，各队使用统一的机器人进行比赛，所有的参赛队伍只需比拼软件开发水平。机器人运作完全是自动式的，没有外界控制，也没有人和其他计算机控制。NAO 机器人在 Robo Cup 的首次亮相是在 2008 年的中国苏州。

（2）认识 Atlas 机器人

Atlas 机器人是一种双足人形机器人（见图 7-3），由美国波士顿动力公司为主开发，由美国国防部国防高等研究计划署资助和监督。这个身高 1.8m 的机器人是专为各种搜索及拯救任务而设计的，并在 2013 年 7 月 11 日向公众亮相。

图 7-2　NAO 机器人在踢球　　　　　图 7-3　Atlas 机器人

Atlas 机器人可以说是波士顿动力公司被谷歌收购后的巅峰之作，也是这款机器人让波士顿动力公司变得家喻户晓。

国内机器人发展较为迅速，带遥控、驱动、记忆等功能的机器人一般由 17 个串行总线智能舵机加主控板以及金属支架组成，可自行创编动作，如舞蹈、体操、行走、翻跟斗、俯卧撑等。新型机器人摒弃传统机器人排线多、复杂拘谨的特点，改用新型串行总线舵机排列，关节与关节间仅用三合一数据线连接而成，整台机器人不超过 20 根线缆，使机器人的运行动作更加开放自如。

（3）认识 Walker 机器人

Walker 机器人是深圳市优必选科技股份有限公司（以下简称：优必选）研发的人形机器人，如图 7-4 所示。它的问世是为实现"让机器人走进千家万户"这一目标迈出的坚实一步。Walker 机器人具备 36 个伺服关节以及力、视、听、空间知觉等全方位的感知系统，可以实现平稳快速的行走和灵活精准的操作。Walker 机器人具备了在常用家庭场景和办公场景的自由活动和服务的能力，开始真正走入人们的生活。

Walker 机器人在站立或行走过程中，受到外部冲击扰动或惯性扰动时，可通过腿部的柔顺控制调整自己的本体姿态，从而可以保持自身的平衡；当外部扰动过大时，则可通过调整步态和控制算法来获得平衡。

Walker 机器人拥有一对 7 自由度机械臂，可以实现更大的手臂操作空间，获得灵活的操作能力以及避障能力。通过与自身视觉感知、力感知的配合，Walker 机器人可以获得外部运动物体的位置及姿态信息，实时地配合运动物体进行相应的操作。

（4）认识 Yanshee 人形机器人

《列子·汤问》中记载，周穆王时期有一位能工巧匠，名偃师，他制造的人偶栩栩如生、能歌善舞，仿佛真的具有人类情感。Yanshee 人形机器人是一款开源人形机器人平台，如图 7-5 所示，产品以 Yanshee（偃师）命名，既是对传统文化的尊重，更是对中华工匠精神的传承。

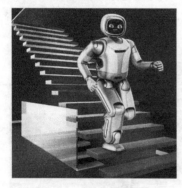

图 7-4　Walker 机器人

图 7-5　Yanshee 人形机器人

Yanshee 人形机器人采用 Raspberry Pi+ STM 32 开放式硬件平台架构，全身如图 7-6 所示，配置 17 个自由度的舵机，从而可以高度拟人设计，内置 800 万像素摄像头、陀螺仪及多种通信模块，配套多种开源传感器包，支持多种 AI 应用的设计学习。

Yanshee 人形机器人支持众多手机端的控制功能，例如多人控制多台机器人可实现角色扮演、对战决斗、群舞等效果，并支持使用摄像头的第一视角功能，以及支持 Blockly 可视化模块编程，如图 7-7 所示，易学易用，可以同步自动生成专业的程序代码，实时模拟验证；也可以进行游戏关卡模式设计，各关卡设有特定目标，引导学生学习编程逻辑，掌握编程语言；还可以通过回读编程，支持自主设计机器人动作，以简便易用的交互方式，记录机器人端各设计动作的舵机数据，并支持后期的精确调整。

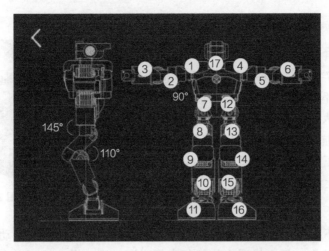

图 7-6 Yanshee 人形机器人舵机示意图

图 7-7 手机端 Blockly 编程界面

　　Yanshee 人形机器人预装了基于 Face++ 开源平台的人脸分析、人脸跟踪、手势识别等功能。机器人在待机状态时，通过对机器人说出"分析人脸""手势识别"等命令，即可启动视觉识别功能，然后进行相应的操作，如图 7-8 所示。

图 7-8 Yanshee 人形机器人智能视觉识别

3. 舵机及其相关操作

（1）舵机简介

舵机（见图7-9）是一种位置（角度）伺服的驱动器，适用于需要角度不断变化并可以保持的控制系统。在高档遥控玩具，如无人机、潜艇模型、遥控机器人中已经得到了普遍应用。在航天方面，舵机应用广泛。导弹姿态变换的俯仰、偏航修正、滚转运动都是靠舵机相互配合完成的。舵机在许多工程上都有应用。

图7-9　舵机

（2）舵机校正

当给机器人下命令，让它做出一个特定的动作时，人们期望这个动作能够准确无误地执行。同一个动作，每个机器人执行起来都应该一模一样。然而，实际使用当中，由于舵机之间的差异，安装时可能存在的误差，使用过程中产生的差别等因素，一些关节的舵机角度会和输入的角度存在一个固定的偏差。例如，人们期望机器人平举手臂，并且传入了理论上正确的角度（如90°），但执行起来，机器人的手臂却向下倾斜。这时候就需要舵机校正解决问题。舵机校正，就是舵机旋转角度和理论值存在偏差时，消除偏差的一个操作。

（3）舵机回读

通常的信号传输方式是从控制器到舵机，有时在预先手动调整好舵机角度之后，如果要把这个角度信息读入到控制器，就需要"回读"操作。具体来说，当控制器发送特定指令给舵机时，舵机可以从内部的传感器读取当前的位置，并组装一条包含位置信息的消息传回控制器，控制器可以将这个位置信息记录下来以供以后使用。这个过程就是舵机回读。

（4）舵机掉电与上电

控制器只需要输入一次指令，舵机就能稳定在固定位置。实际上在舵机内部，驱动电路会持续发送固定的PWM信号给舵机，将舵机锁在固定位置。如果驱动电路不给舵机发送PWM信号，舵机就会失去动力，表现出来就是舵机"变软"，人可以轻易用手掰动舵机转动。这种状态就是舵机的掉电状态。相对的，舵机"变硬"，难以掰动的状态就是上电状态。

（5）舵机保护

尽管上电状态下，舵机很难掰动，但如果用户非常用力去掰它，或者在舵机上施加一个较大的负载，持续一段时间后，舵机会突然进入一种类似掉电的状态，不再响应各种控制。这实际上是触发了舵机的自我保护功能。电动机工作时，会产生一定的热量，如果电流很大，产生热量超过了散热的能力，就会持续升温，烧坏舵机电路或结构。因此，舵机有一系列传感器监测自身的工作状态，一旦发现舵机有过热风险，就会停止工作，防止舵机被损坏。

4. 远程连接工具 VNC

VNC（Virtual Network Console），即虚拟网络控制台，它是一款基于 UNIX 和 Linux 操作系统的远程控制工具软件，由著名的 AT&T 的欧洲研究实验室开发。VNC 的远程控制能力强大，高效实用并且免费开源，其 logo 如图 7-10 所示。

图 7-10　VNC 的 logo

VNC 基本上是由两部分组成：一部分是客户端的应用程序（VNC Viewer）；另外一部分是服务器端的应用程序（VNC Server）。任何安装了客户端的应用程序（VNC Viewer）的计算机都能十分方便地与安装了服务器端的应用程序（VNC Server）的计算机相互连接。

基于树莓派的机器人内置了 VNC Server，因此用户可以方便地通过 VNC Viewer 远程连接控制机器人。

VNC 的连接步骤如下：

1）在 VNC Viewer 客户端输入机器人的 IP 地址，连接至机器人的 VNC Server。

2）VNC Server 发送一个对话窗口至客户端，要求输入连接密码。

3）客户端输入联机密码后，VNC Server 验证客户端是否具有存取权限。

4）通过验证后即可显示机器人的树莓派的桌面，此时就可以在 VNC Viewer 客户端上对机器人进行操作。

任务实施

所需设施/设备：Yanshee（人形机器人以下简称机器人）1 个、平板计算机或者安卓手机 1 部、显示器 1 台、无线路由器 1 台（自动分配地址）、蓝牙键盘鼠标 1 套。

接下来完成对机器人的组装与调试任务。

任务 7.1　机器人的组装与网络连接

（1）机器人的组装

1）下载安装 Yanshee APP。

①下载 Yanshee APP 软件。Yanshee APP 支持 iOS 及 Android 双系统。也可去 Yanshee 的官网下载，所有关于 Yanshee 的最新资料和帮助文档都可在该网站下载，如图 7-11 所示。

②注册帐号。使用之前应先使用手机号码或邮箱注册账号，也可直接使用校园账号，注册账号成功后方可使用注册的账号或者校园账号登录系统，如图 7-12 所示。

2）组装机器人的腿部与手部。

①组装机器人的腿部。机器人在使用前需要完成对各模块的组装。组装腿部需要注意的是，安装时要对准舵机上的四个实孔，再拧螺钉，如图 7-13 所示。安装时，可以参照 APP 的拼装教程里的组装教程完成组装，如图 7-14 和图 7-15 所示。

图 7-11　Yanshee 官网

图 7-12　登录系统

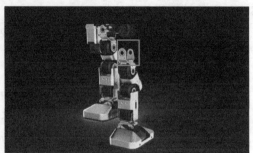

图 7-13　组装机器人腿部

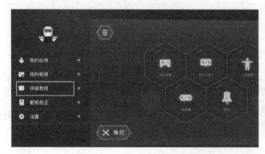

图 7-14　APP 的拼装教程

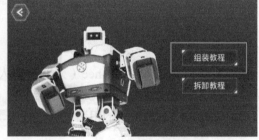

图 7-15　组装教程

②组装机器人的手部。机器人手部的安装示意如图 7-16 所示，手部线缆连接和固定示意如图 7-17 所示。

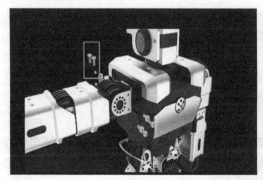

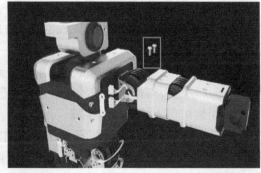

图 7-16　组装机器人手部

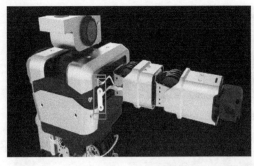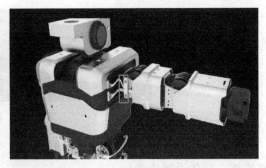

图 7-17　机器人手部线缆连接和固定

3）机器人开机。完成机器人组装后，就可以对机器人进行开机。长按机器人胸前的按钮 2~3s，直到胸前的指示灯闪烁后松开。当听到机器人的开机问候语"Yanshee 启动完毕"后就表示开机成功了。需要注意的是，机器人在未完成校准之前，要让机器人先装在配套的盒子里固定好以后再开机，以免机器人通电后发生姿态变化损害到机器人。

（2）机器人的网络连接

1）通过 Yanshee APP 给机器人配置 WiFi。

①建立蓝牙通道：可以通过蓝牙让手机连接上机器人。

②通过蓝牙通道将 WiFi 热点的账号信息传送给机器人，机器人就可以启动 WiFi 连接无线网络了。

③登录 Yanshee APP。

④登录成功后，应确认手机的蓝牙已经开启以及 WiFi 连接成功，单击主界面右上角的图标，如图 7-18 所示，连接机器人和给机器人配置无线网络。

⑤根据机器人背部标签的后 4 位 MAC 地址来选择要连接的设备。如图 7-19 所示，搜索到的机器人的序列号将会列表给出，对照序列号，可确定是否为手机界面所显示的机器人设备名称。

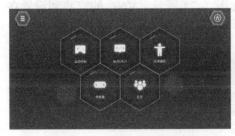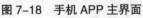

图 7-18　手机 APP 主界面　　　　　　　图 7-19　搜索机器人

⑥输入正确的 WiFi 密码，单击"加入"连接网络。选择设备后，APP 会选择与本机 WiFi 相同的 SSID 显示在页面中。如图 7-20 所示，输入正确的 WiFi 密码后，单击"加入"按钮，机器人将进行配网连接。连接网络成功后便可听到"您已经连网成功"的语音提示；若连接失败，则会听到"连接网络失败"的语音提示，此时可重新进行配网连接。

图 7-20　连接 WiFi

2）在机器人本体上直接设置网络。除了使用 WiFi，也可以在机器人上直接进行网络连接，具体设置步骤如下：

①在机器人上直接设置。具体方法是用 HDMI 线连接机器人和显示器，如图 7-21 所示。

图 7-21　机器人连接显示器

如图 7-22 所示，将蓝牙键盘鼠标的无线模块插在 USB 接口上，配对无线连接的键盘鼠标。

②用 VNC 进行设置。直接用 VNC 访问机器人 IP 地址，进入到树莓派系统后，直接选择需要连接的网络即可完成对机器人的配网，如图 7-23 所示。VNC 的安装和设置在任务 7.3 中有详细讲解。

图 7-22　机器人连接键盘鼠标　　　　图 7-23　VNC 连接机器人

任务 7.2 机器人的舵机校正

（1）对舵机的角度进行校正

1）进入舵机校正界面。首次使用机器人时，如果查看到其全身某些舵机存在没有水平或垂直对齐的情况，则需要单击 APP 的"侧边栏"→"舵机校正"，进入舵机校正界面，如图 7-24 所示，通过单击"+"或"−"按钮调平对应舵机。注意：机器人出现跳舞摔倒现象时，也需要做舵机校正。

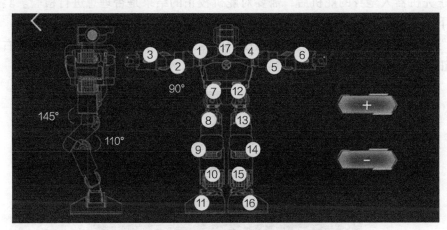

图 7-24　舵机校正界面

机器人的舵机自身就集成了舵机校正功能，它的原理是通过设置舵机的偏差值，抵消舵机存在的实际误差。

2）完成校正。在舵机校正界面可以看到一个机器人全身舵机的分布图，点选相应的舵机，单击"+"或"−"按钮，就能对这个舵机的角度进行校正。不过在实际动手之前，应当先看一下校正的标准。如图 7-25 所示，在舵机校正界面，机器人会平举两臂，摆出校正姿势。理想的校正目标是机器人双手平直，手臂上方与肩平行。头部朝向正前方。两腿对称，膝盖半屈，脚掌与地面平齐。侧面看躯干中线落在脚掌中心上。观察机器人的结构不难发现，机器人靠近外端的舵机的位置，会受到更接近躯干部分舵机角度的影响，所以在校正的时候也需要从靠近中心的舵机开始校正。

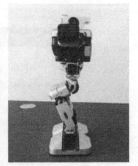

图 7-25　机器人舵机校正过程

　　例如校正腿部时，就应该按照 7→8→9→10→11 的顺序逐一校正。校正 8 号、9 号、10 号这样前后转动的舵机时，应当扶起机器人一端，让其右脚悬空，从侧面观察校正的效果（注意机器人一脚着地承受全身重量的状态不要持续太久，否则舵机负载过大，可能会掉电进入自我保护状态）。校正 7 号和 11 号这样左右转动的舵机时，应该从正面观察舵机校正的结果。

　　（2）检验舵机校正的结果

　　校正完机器人全身的舵机后，需要对舵机校正的结果是否理想进行检验。具体操作步骤如下：

　　1）进入 APP 的"运动控制"界面控制机器人的动作。操作机器人前后左右移动看是否能正常运动，保持平稳，如图 7-26 所示。

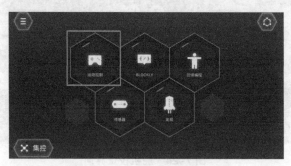

图 7-26　进入"运动控制"界面

　　2）执行具体的动作，测试机器人是否能够平稳动作而不会摔倒。例如执行"起床"和"串烧"两个动作，如果机器人步态平稳，动作连贯，不会摔跤，代表已经校正得比较理想。

任务 7.3　通过 VNC 连接机器人

（1）下载安装 VNC Viewer

　　1）下载 VNC Viewer。进入 Real VNC 的官网下载 VNC Viewer，下载页面如图 7-27 所示，单击"Download VNC Viewer"即可下载。查看机器人的桌面可以看到 VNC Viewer。

图 7-27　VNC 下载页面

2）安装 VNC Viewer。

①安装时先选择语言。VNC Viewer 的安装界面如图 7-28 所示。选择语言，单击"OK"进行安装。

②选中接受用户协议复选框，单击"Next"进行安装，如图 7-29 所示。

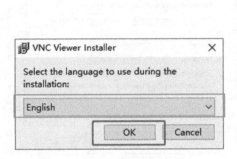

图 7-28　安装界面

图 7-29　选中接受用户协议

③选择安装的组件。如图 7-30 所示，选择好安装的组件后，单击"Next"完成软件安装。此时可以在桌面查看到 VNC Viewer 快捷方式，如图 7-31 所示。

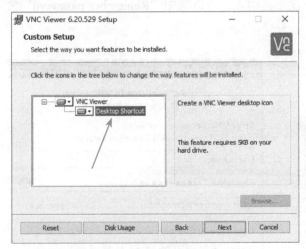
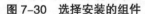

图 7-30　选择安装的组件

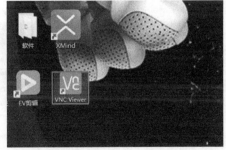

图 7-31　桌面的 VNC Viewer 快捷方式

（2）连接机器人

1）双击快捷方式，启动后的界面如图 7-32 所示。

2）单击"File"→"New connection"，在图 7-33 所示的对话框中，输入目标机器人的 IP 地址。

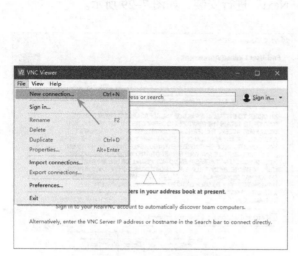

图 7-32 启动后的界面   图 7-33 输入目标机器人的 IP 地址

输入 IP 地址，单击"OK"后，首次连接会出现如图 7-34 所示的身份确认对话框，单击"Continue"，弹出如图 7-35 所示的验证对话框，要求输入用户名和密码，默认的用户名是 pi，密码是 raspberry。为了下次不再输入，可以选中"Remember password"复选框。

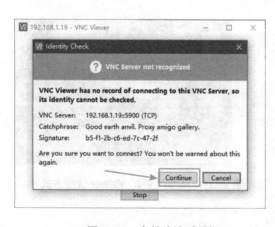

图 7-34 身份确认对话框   图 7-35 验证对话框

3）输入用户名和密码，显示机器人的树莓派桌面，如图 7-36 所示。此时就可以在树莓派上对机器人进行操作了。

图 7-36 机器人的树莓派桌面

任务 7.4 对机器人进行运动控制

（1）使用 Yanshee APP 控制机器人运动

单击 APP 主界面进入"运动控制"，以便对机器人进行基本运动控制，分别完成：

1）通过遥控器控制机器人左转、右转、往前走、往后走，如图 7-37 所示方框内即遥控器。

2）文字转语音（TTS）。如图 7-38 所示方框内为文字输入处，输入文字即可让机器人实现文字转语音。

3）进行动作演示。如图 7-39 所示，选取相应动作让机器人完成。例如可以让机器人做俯卧撑，起床等动作。

4）进行角色扮演。如图 7-40 所示，让机器人完成格斗、踢球等各类动作。

（2）回读编程控制机器人运动

打开 Yanshee APP，单击主界面的"回读编程"，进入回读编程界面。所谓回读编程就是手动调整好舵机角度设置机器人的动作，控制器会对动作进行回读并将这个位置信息记录下来，保存为文件后，可以供以后使用。回读编程界面入口如图 7-41 所示。接下来使用回读编程让机器人完成上下挥舞双手，拍翅膀的动作。

1）选择需要回读的掉电肢体。进入回读编程界面，如图 7-42 所示，单击上电 / 掉电肢体按钮进入如图 7-43 所示的舵机掉电上电界面，选择需要掉电的舵机。

图 7-37 机器人前、后、左、右运动控制操作

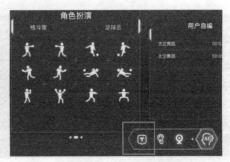

图 7-38 文字转语音

图7-39　动作演示

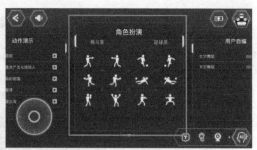

图7-40　角色扮演

图7-41　回读编程界面入口

图7-42　回读编程界面

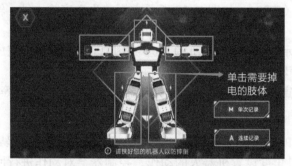

图7-43　选择需要掉电的舵机

2）掰动机器人肢体进行回读。单击连续记录按钮开始回读，此时可以掰动机器人动作，系统会按设置的回读间隔时间录入回读动作帧，如图7-44所示，也可以单击单次记录按钮手动录入回读动作帧，如图7-45所示。

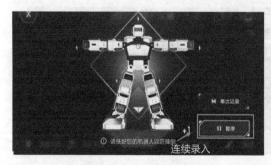

图7-44　录入回读动作帧

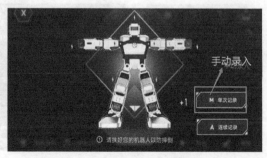

图7-45　手动录入

3）给回读的动作添加音乐。录入所有回读动作后，可以给动作配一首好听的音乐形成一段舞蹈，单击添加音乐按钮进入如图 7-46 所示的添加音乐界面，可选择添加程序内置音频文件、录音文件、手机本地音乐，如图 7-47 所示。

图 7-46　添加音乐界面

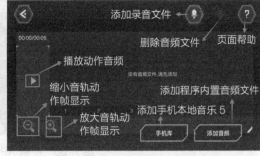

图 7-47　添加音乐界面介绍

4）播放预览音乐和动作并跳转编辑修改动作。添加音乐后，单击播放动作音频按钮预览音乐和动作，预览到需要修改的动作帧时，可以先单击暂停按钮，再单击返回按钮返回上一页面进行编辑动作，如图 7-48 所示。

5）编辑修改回读动作。在编辑回读动作界面，如图 7-49 所示，可以对所有回读动作帧进行"添加动作""微调""调整""修改运行时长""修改间隔时长""复制""粘贴""镜像""删除"等操作，修改完成后单击添加音频按钮可返回添加音乐界面继续预览播放舞蹈。

图 7-48　返回按钮

图 7-49　编辑回读动作

6）完成回读舞蹈。完成舞蹈编辑调试后，单击保存按钮，输入动作文件名完成动作保存，此时就已经完成了一整套舞蹈动作的编辑。

设置好以上的程序后，保存文件，然后连接网络执行程序文件，机器人就会开始完成所设置的舞蹈。

（3）Blockly 编程控制机器人运动

机器人还可以使用 Blockly 编程完成运动控制，具体操作步骤如下：

1）进入 Blockly 编程界面。单击主界面 Blockly 进入如图 7-50 所示的 Blockly 界面。左侧是分类模块，拖动这些模块到右侧进行逻辑组合，即可达到一定的目标。在整个编程过程中，单击"</>"即可查看对应的 Python 程序。编程完毕，单击"运行"，即可在机器人上查看运行结果，即动作响应情况。

图 7-50　手机 APP 的 Blockly 界面

　　2）Blockly 编程，让机器人检测到人脸时伸出左手。如图 7-51 所示，在 Blockly 编程界面拖拽完成动作所需的模块即可。编程完成后单击"运行"，机器人将执行检测到人脸时伸出左手的动作。

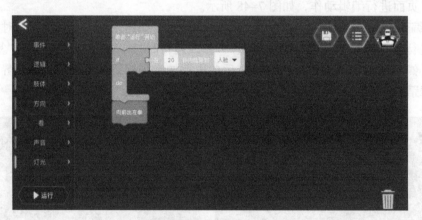

图 7-51　Blockly 编程

任务评价

班级		姓名		学号		日期		
自我评价	1. 了解人形机器人的基本概念及种类					□是	□否	
	2. 了解支撑机器人的关键技术					□是	□否	
	3. 熟悉机器人舵机及其相关操作					□是	□否	
	4. 能够熟练安装调试服务机器人					□是	□否	
	5. 能够熟练校正机器人					□是	□否	
	6. 能够熟练测试语音模块					□是	□否	

（续）

班级		姓名		学号		日期	
自我评价	7. 能够使用回读编程完成机器人控制					□是　　□否	
	8. 能够熟练完成机器人的网络连接					□是　　□否	
	9. 能够熟练使用相关 APP 对机器人进行运动控制					□是　　□否	
	10. 能够使用 Blockly 完成简单编程					□是　　□否	
	11. 在完成任务时遇到了哪些问题？是如何解决的						
	12. 是否能独立完成工作页/任务书的填写					□是　　□否	
	13. 是否能按时上、下课，着装规范					□是　　□否	
	14. 学习效果自评等级					□优　□良　□中　□差	
	15. 总结与反思						
小组评价	1. 在小组讨论中能积极发言					□优　□良　□中　□差	
	2. 能积极配合小组完成工作任务					□优　□良　□中　□差	
	3. 在查找资料信息中的表现					□优　□良　□中　□差	
	4. 能够清晰表达自己的观点					□优　□良　□中　□差	
	5. 安全意识与规范意识					□优　□良　□中　□差	
	6. 遵守课堂纪律					□优　□良　□中　□差	
	7. 积极参与汇报展示					□优　□良　□中　□差	
教师评价	综合评价等级： 评语：					教师签名：　　　日期：	

任务拓展

用相关 APP 通过回读方式实现机器人敬礼的动作。

项目小结

本项目中先学习了智能机器人的分类、发展现状和趋势，然后完成组装机器人，通过连接 WiFi 完成对该机器人的设置，之后通过移动端的 APP 实现对机器人的舵机校正、回读编程，以及查看传感器的数据。

项目八

机器人 Python 语言编程

【项目导入】

Python 语言具有简单方便的特点，扩展性也非常强，很多人工智能领域的开发人员愿意采用 Python 语言。当前，随着人工智能的快速发展，使用 Python 语言完成机器人的编程已经成为大势所趋。如果人工智能是概念里的一栋房子，那么 Python 语言就是盖房子的材料，而且它能在建造过程中让房子既美观又坚固。

本项目将介绍 Python 语言开发环境的安装以及基础编程语法，以及为机器人编写 Python 语言程序实现简单的语音播报功能。

项目任务

1）编写 Python 语言循环语句。

2）使用 Python 语言实现机器人语音播报功能。

学习目标

1. 知识目标

1）了解 Python 语言的由来和发展。

2）认识树莓派与机器人的关系。

3）了解 Python 语言开发工具及其之间的关系，掌握 Python 语言的基本语法规则。

4）了解机器人 Python 语言编程的基本原理，掌握基于机器人的 Python 语言开发的基本流程。

2. 能力目标

1）能够熟练掌握 JupyterLab 的使用。

2）能够使用 Python 语言实现机器人语音播报功能。

知识链接

1. Python 语言

（1）Python 语言简介

Python 语言的创始人为荷兰人吉多·范罗苏姆（Guido van Rossum）。1989 年圣诞节期间，在阿姆斯特丹，吉多为了打发圣诞节的无趣，决心开发一个新的脚本解释程序，作为 ABC 语言的一种继承，它的名字 Python（大蟒蛇的意思）是取自

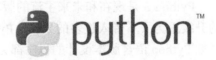

图 8-1　Python 语言的标志

英国 20 世纪 70 年代首播的电视喜剧的名称，因此蛇的元素也体现在了 Python 语言的标志当中，如图 8-1 所示。

Python 语言从 ABC 语言发展，并且结合了 UNIX shell 语言和 C 语言的习惯。自从 2004 年以后，Python 语言的使用率呈线性增长。Python 2 于 2000 年 10 月 16 日发布，稳定版本是 Python 2.7。Python 3 于 2008 年 12 月 3 日发布，不完全兼容 Python 2。2011 年开始，Python 语言被 TIOBE 编程语言排行榜评为 2010 年度语言，已经成为最受欢迎的程序设计语言之一。

（2）Python 语言的特点

Python 语言具有简洁性、易读性以及可扩展性等特点，得益于这些特点，在国外用 Python 语言做科学计算的研究机构日益增多，一些知名大学已经采用 Python 语言来教授程序设计课程。例如卡耐基梅隆大学的编程基础、麻省理工学院的计算机科学及编程导论就使用 Python 语言讲授。

众多开源的科学计算软件包都提供了 Python 语言的调用接口，例如著名的计算机视觉库 OpenCV、三维可视化库 VTK、医学图像处理库 ITK。而 Python 语言专用的科学计算扩展库就更多了，例如 NumPy、SciPy 和 matplotlib，它们分别为 Python 语言提供了快速数组处理、数值运算以及绘图功能。因此 Python 语言及其众多的扩展库所构成的开发环境十分适合工程技术及科研人员处理实验数据、制作图表甚至开发科学计算应用程序。

Python 语言在执行时，首先会将 .py 文件中的源代码编译成 Python 语言的字节码（byte code），然后再由 Python Virtual Machine（Python 虚拟机）来执行这些编译好的 byte code，如图 8-2 所示。

图 8-2　解释型语言编译型语言

除此之外，Python 语言还可以以交互模式运行，比如主流操作系统 UNIX/Linux、Mac、Windows 都可以直接在命令模式下直接运行 Python 语言交互环境。直接下达操作指令即可实现交互操作。

（3）Python 语言的版本问题

目前市场上有两个 Python 语言的版本并存着，分别是 Python 2 和 Python 3。新的 Python 语言程序建议使用 Python 3 版本的语法。

Python 3 是现在和未来主流的版本，相对于 Python 语言的早期版本，这是一个较大的升级。为了不带入过多的累赘，Python 3 在设计的时候没有考虑向下兼容，因此许多早期 Python 语言版本设计的程序都无法在 Python 3 上正常执行。到目前为止，Python 3 的稳定版本已经有很多年了，后续版本情况如下：

1）Python 3.0 发布于 2008 年。

2）Python 3.3 发布于 2012 年。

3）Python 3.4 发布于 2014 年。

4）Python 3.5 发布于 2015 年。

5）Python 3.6 发布于 2016 年。

为了照顾现有的程序，官方提供了一个过渡版本——Python 2.6，基本使用了 Python 2 的语法和库，同时考虑了向 Python 3.0 的迁移，允许使用部分 Python 3 的语法与函数。2010 年推出的 Python 2.7 被确定为最后一个 Python 2 版本。

本书采用的版本是 Python 3。

2. 树莓派

（1）什么是树莓派

树莓派（Raspberry Pi，RPi/ RasPi) 是为学生学习计算机编程而设计的，只有信用卡大小的卡片式计算机，其系统基于 Linux 操作系统而成。

图 8-3　树莓派

树莓派由注册于英国的慈善组织树莓派基金会开发，Eben Upton 为项目带头人。2012 年 3 月，树莓派正式发售。树莓派的长度为 8.56cm，宽度为 5.6cm，厚度只有 2.1cm，如图 8-3 所示。

树莓派把整个系统集成在一块电路板上，被称为 SoC(System on Chip)。SoC 在手机等小型化设备中很常见，功耗也比较低。自问世以来，受众多计算机爱好者和创客的追捧，曾经一"派"难求。别看其外表"娇小"，内"心"却很强大，视频、音频等功能通通皆有，可谓是"麻雀虽小，五脏俱全"。树莓派基金会提供了基于 ARM 的 Debian 和 Arch Linux 的发行版供大众下载。还支持 Python 语言作为主要编程语言，也支持 Java、C 和 Perl 等编程语言。

树莓派早期有 A 和 B 两个型号，主要区别如下：

1）A 型：1 个 USB 接口，无有线网络接口，功率 2.5W，500mA，256MB RAM。

2）B 型：2 个 USB 接口，支持有线网络，功率 3.5W，700mA，512MB RAM。

2013 年 2 月，国内厂商深圳韵动电子取得了树莓派在国内的生产及销售权限，为了便于区分市场，树莓派基金会规定韵动电子在中国大陆销售的树莓派一律采用红色的 PCB，并去掉 FCC 及 CE 标志。

2014 年 7 月和 11 月，树莓派分别推出 B+ 和 A+ 两个型号，主要区别为：A+ 没有网络接口，并且 USB 接口只有 1 个而 B+ 有 4 个。另外，相对于 B+ 来讲，A+ 内存容量有所缩小，并具备了更小的尺寸设计。A+ 可以说是 B+ 的廉价版本。虽说是廉价版本，但 A+ 也配备了同 B+ 一样的 Micro SD 卡读卡器、40-pin 的 GPI 连接端口、博通 BCM2385 ARM11 处理器、256MB 的 RAM 和 HDMI 输出端口。

2016 年 2 月，树莓派 3B 版本发布。2019 年 6 月 24 日，树莓派 4B 版本发布。2020 年 5 月 28 日，树莓派基金会宣布，推出树莓派 4B 新 SKU，即 8GB RAM 版本。

为了充分利用 8GB RAM，树莓派还开发了基于 Debian 的 64 位专用操作系统。其他方面，8GB RAM 版本相比于前一个版本改进了电源问题。另外，在 32 位操作系统中，可用 RAM 为 7.8GB，64 位操作系统则缩减到了 7.6GB。

（2）树莓派能做什么

树莓派几乎和普通计算机无异。计算机能做的大部分事情，在树莓派上都能做，而树莓派以其低能耗、方便移动、GPIO 等特性，很多在普通计算机上难以做好的事情，用树莓派做反而是很适合的，如图 8-4 所示的智能小车，就是通过程序控制步进电动机的转动来实现智能小车的运动的。

当然人们还可以利用树莓派做很多有意思的事情，图 8-5 所示为 IBM 的工程师实现的 APP 控制智能小车运动。基于树莓派的一些功能见表 8-1。

图 8-4　基于树莓派的智能小车

IBM的一个工程师把树莓派安在一个模型小车上，然后通过WiFi信号来控制智能小车的行动。
图 8-5　IBM 工程师基于树莓派通过 APP 控制智能小车

表 8-1　树莓派的一些功能

序号	普通难度	较高难度
1	用树莓派打造一个家庭影院	给树莓派安装摄像头模块实现拍照、摄像功能
2	用树莓派作 FTP 文件服务器	在树莓派上实现文字转语音服务
3	用树莓派当网络收音机播放 FM 电台	用树莓派 + 温度传感器实现室内温度监控
4	基于 Samba 实现 NAS 系统（网络存储中心）	用树莓派实现网站访客 LED 闪亮提醒
5	用树莓派实现网络批量自动安装 CentOS	用树莓派打造一个带 WiFi 的数码照相机
6	在树莓派上搭建 LAMP 服务	用树莓派制造一个专属 iBeacon 基站
7	在树莓派上获取天气预报	用树莓派制造一个六足行走的机器人
8	空气指数之 PM2.5 显示器	用树莓派制造一台拍立得相机
9	站点宕机指示（基于 SAKS 扩展板）	基于树莓派制造的智能行星观测器
10	数字温度计（基于 SAKS 扩展板）	用树莓派制造木制 LED 游戏显示器

3. Python 语言开发环境

（1）PyCharm

PyCharm 是由 JetBrains 打造的一款 Python 集成开发环境（Integrated Development Environment，IDE），且 VS2010 的重构插件 Resharper 也是出自 JetBrains 之手。

PyCharm 是 Python 语言的一款非常优秀的集成开发环境。除了具有一般集成开发环境所必备的功能外，还可以在 Windows、Linux、macOS 下使用。PyCharm 既适合开发大型项目，也非常适合初学者学习 Python 语言使用。由于 PyCharm 对系统资源要求较高，它更适合在台式计算机和笔记本计算机上使用，而不适合在树莓派中安装使用。

（2）Jupyter Notebook

Jupyter Notebook 是基于网页的用于交互计算的应用程序，它可被应用于开发、文档编写、运行代码和展示结果的全过程计算。简而言之，Jupyter Notebook 以网页的形式打开，可以在网页页面中直接编写代码和运行代码，代码的运行结果也会直接在代码块下显示。如在编程过程中需要编写说明文档，可在同一个页面中直接编写，便于作及时的说明和解释。

Jupyter 脱胎于 IPython 项目，IPython 顾名思义，是专注于 Python 语言的项目，但随着项目发展壮大，已经不仅仅局限于 Python 这一种编程语言了。Jupyter 的名字就很好地释义了这一发展过程，它是 Julia、Python 以及 R 语言的组合，读音相近于木星（Jupiter），而且现在支持的语言也远超这三种了。

Jupyter Notebook 属于网页应用，是一种基于网页形式，结合了编写说明文档、数学公式、交互计算和其他富媒体形式的工具，如图 8-6 所示。

图 8-6　基于网页的 Jupyter Notebook 界面

Jupyter Notebook 中所有交互计算、编写说明文档、数学公式、图片以及其他富媒体形式的输入和输出，都是以文档的形式体现的。这些文档保存为后缀名为 .ipynb 的 JSON 格式文件，不仅便于版本控制，也方便与他人共享。此外，文档还可以导出为 HTML、LaTeX、PDF 等格式。

在编程时，JupyterNotebook 具有语法高亮、缩进、Tab 补全的功能。可直接通过浏览器运行代码，同时在代码块下方展示运行结果。以富媒体格式展示计算结果，富媒体格式包括 HTML、LaTeX、PNG、SVG 等；对代码编写说明文档或语句时，支持 Markdown 语法；支持使用 LaTeX 编写数学性说明。

（3）JupyterLab

JupyterLab 是 Jupyter 主打的最新数据科学生产工具，某种意义上，它的出现是为了取代 Jupyter Notebook 的。不过不用担心 Jupyter Notebook 会消失，JupyterLab 包含了

Jupyter Notebook 所有功能。JupyterLab 作为一种基于 Web 的集成开发环境，用户可以使用它编写 Notebook、操作终端、编辑 Markdown 文本、打开交互模式、查看 csv 文件及图片，如图 8-7 所示。因此可以把 JupyterLab 当作一种进化版的 Jupyter Notebook。

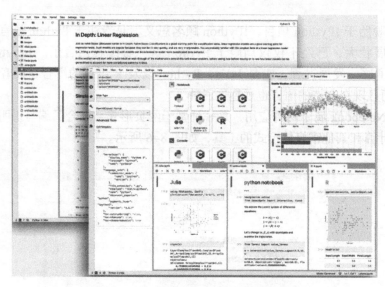

图 8-7　基于网页的 JupyterLab 的界面

相较于 JupyterNotebook，JupyterLab 具有如下优点：

1）交互模式：交互模式可以直接输入代码，然后执行，并立刻得到结果，因此交互模式主要是为了调试代码。

2）内核支持的文档：使用户可以在 Jupyter 内核中运行的任何文本文件（Markdown、Python、R 等）中的代码。

3）模块化界面：可以在同一个窗口同时打开好几个 Notebook 或文件（HTML、TXT、Markdown 等），都以标签的形式展示，更像是一个集成开发环境。

4）同一文档多视图：能够实时同步编辑文档并查看结果。

5）支持多种数据格式：可以查看并处理多种数据格式，也能进行丰富的可视化输出或者 Markdown 形式输出。

6）云服务：使用 JupyterLab 连接 Google Drive 等服务，可以极大地提升生产力。

正是由于这些优点，如今在很多的树莓派机器人中，JupyterLab 已经成为标准配置。

4. Python 语言基础编程

（1）数据类型和变量

Python 语言中的变量不需要声明。每个变量在使用前都必须赋值，变量赋值以后该变量才会被创建。在 Python 语言中，变量就是变量，它没有类型，这里所说的"类型"是变量所指的内存中对象的类型。

等号（=）运算符用来给变量赋值。

等号运算符左边是一个变量名，等号运算符右边是存储在变量中的值。

```
counter=100          # 整型变量
miles=1000.0         # 浮点型变量
name="jerry"         # 字符串
print(counter)
print(miles)
print(name)
```

执行以上程序会输出如下结果：

```
100
1000.0
jerry
```

Python 3 中有 6 个标准的数据类型，见表 8-2。

表 8-2　Python 3 中的数据类型

数据类型	序号	数据名称
不可变数据	1	Number（数字）
	2	String（字符串）
	3	Tuple（元组）
可变数据	4	List（列表）
	5	Set（集合）
	6	Dictionary（字典）

1）Number（数字）。Python 3 支持 int、float、bool、complex（复数）。

在 Python 3 里，只有一种整数类型 int，表示为长整型。内置的 type( ) 函数可以用来查询变量所指的对象类型，此外还可以用 isinstance( ) 函数来判断。

例：输入 4 个数，并查询数据类型，并用 isinstance( ) 进行判断。

查询数据类型：

```
a,b,c,d=20,5.5,True,4+3j
print(type(a),type(b),type(c),type(d))
print(isinstance(a,int))
```

执行结果：

```
<class'int'><class'float'><class'bool'><class'complex'>
True
```

isinstance( ) 和 type( ) 的区别在于，type( ) 不会认为子类是一种父类类型，而 isinstance( ) 会认为子类是一种父类类型。

2）String（字符串）。Python 语言中的字符串用单引号（'）或双引号（"）括起来，同时使用反斜杠（\）转义特殊字符。字符串的截取语法格式如下：

变量 [头下标 : 尾下标]

索引值以 0 为开始值，–1 为从末尾开始时的开始位置。区间规则是"**前闭后开**"，如图 8-8 所示。

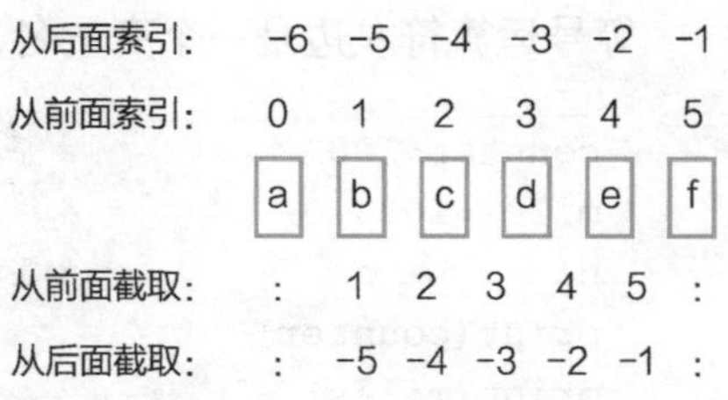

从后面索引:	-6	-5	-4	-3	-2	-1
从前面索引:	0	1	2	3	4	5
	a	b	c	d	e	f
从前面截取:	:	1	2	3	4	5	:
从后面截取:	:	-5	-4	-3	-2	-1	:

图 8-8   String 中的索引

加号（+）是字符串的连接符，星号（*）表示复制当前字符串，与之结合的数字为复制的次数。

例如，通过 print( ) 函数验证字符串的操作如下：

```
#!/usr/bin/Python3
str='Ubtrobot'
str='abcdef'
print(str)              # 输出字符串
print(str[0])           # 输出字符串第一（0+1）个字符
print(str[2:5])         # 输出从第三（2+1）个开始到第六（5+1）个但是又不包含第
                          六个，所以是从第三到第五的字符
print(str[0:-1])        # 输出第一个到倒数第二个的所有字符
print(str[2:5])         # 输出从第三个开始到第五个的字符
print(str[2:])          # 输出从第三个开始的后的所有字符
print(str*2)            # 输出字符串两次，也可以写成 print(2*str)
print(str+"TEST")       # 连接字符串
```

执行以上程序会输出如下结果：

```
abcdef
a
cde
abcde
cde
cdef
abcdefabcdef
abcdefTEST
```

Python 语言使用反斜杠（\）转义特殊字符，若不想让反斜杠发生转义，可以在字符串前面添加一个"r"，即 raw，表示原始字符串。

字符串中的转义字符和原始字符串的区别如下所示。

显示转义字符：

```
print('ab\ncdef')
```

执行结果：

```
ab
cdef
```

显示原始字符串：

```
print(r'ab\ncdef')
```

执行结果：

```
ab\ncdef
```

与 C 语言字符串不同的是，Python 语言字符串不能被改变。向一个索引位置赋值，例如 str[0] = 'm' 会导致错误。

注意：

① 反斜杠可以用来转义，使用"r"可以让反斜杠不发生转义。

② 字符串可以用加号 [+] 连接在一起，用星号 [*] 重复。

③ Python 语言中的字符串有两种索引方式，从左往右以 0 开始，从右往左以 –1 开始。

④ Python 语言中的字符串不能改变。

3）Tuple（元组）。元组与列表类似，不同之处在于元组的元素不能修改。元组写在小括号 ( ) 里，元素之间用逗号隔开。元组中的元素类型也可以不相同，例如：

```
#!/usr/bin/Python3

tuple=('abcd',786,2.23,'ubtrobot',70.2)
tinytuple=(123,'ubtrobot')

print(tuple)              # 输出完整元组
print(tuple[0])           # 输出元组的第一个元素
print(tuple[1:3])         # 输出从第二个元素开始到第三个元素
print(tuple[2:])          # 输出从第三个元素开始的所有元素
print(tinytuple*2)        # 输出两次元组
print(tuple+tinytuple)    # 连接元组
```

输出结果为：

```
('abcd',786,2.23,'ubtrobot',70.2)
abcd
(786,2.23)
(2.23,'ubtrobot',70.2)
(123,'ubtrobot',123,'ubtrobot')
('abcd',786,2.23,'ubtrobot',70.2,123,'ubtrobot')
```

元组与字符串类似，可以被索引且下标索引从 0 开始，–1 为从末尾开始时的开始位置。也可以进行截取。还可以把字符串看作一种特殊的元组：

```
tup=(1,2,3,4,5,6)
print(tup[0])
print(tup[1:5])
```

输出结果：

```
1
(2,3,4,5)
```

修改元组元素的操作是非法的：

```
tup=(1,2,3,4,5,6)
tup[0]=11
```

输出结果：

```
Traceback(most recent call last):
  File"<stdin>",line 1,in<module>
TypeError:'tuple'object does not support item assignment
```

虽然 Tuple 的元素不可改变，但它可以包含可变的对象，例如 List 列表。

构造包含 0 个或 1 个元素的元组比较特殊，所以有一些额外的语法规则：

tup1=() #空（0个）元组

tup2=(20,) #1个元素，需要在元素后添加逗号

String、List 和 Tuple 都属于 Sequence（序列）。

注意：

①与字符串一样，元组的元素不能修改。

②元组也可以被索引和切片，方法一样。

③注意构造包含 0 或 1 个元素的元组的特殊语法规则。

④元组也可以使用加号（+）进行拼接。

4）List（列表）。List（列表）是 Python 语言中使用最频繁的数据类型，可以称作动态数组，它可以完成大多数集合类的数据结构实现。列表中元素的类型可以不相同，它支持数字，字符串甚至可以包含列表（即所谓的嵌套）。列表是写在方括号 [ ] 之间、用逗号分隔开的元素列表。和字符串一样，列表同样可以被索引和截取，列表被截取后返回一个包含所需元素的新列表。

列表的截取语法格式如下：

变量 [头下标 : 尾下标]

索引值以 0 为开始值，–1 为从末尾开始时的开始位置，如图 8-9 所示。

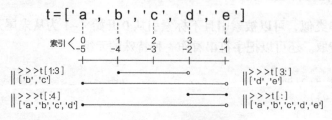

图 8-9   List 中的索引

加号（＋）是列表连接运算符，星号（＊）是重复操作。例如有程序为：

```
#!/usr/bin/Python3

list=['abcd',786,2.23,'ubtrobot',70.2]
tinylist=[123,'ubtrobot']

print(list)                 # 输出完整列表
print(list[0])              # 输出列表第一个元素
print(list[1:3])            # 输出从第二个开始到第三个元素
print(list[2:])             # 输出从第三个元素开始的所有元素
print(tinylist*2)           # 输出两次列表
print(list+tinylist)        # 连接列表
```

其输出结果为：

```
['abcd',786,2.23,'ubtrobot',70.2]
abcd

[786,2.23]
[2.23,'ubtrobot',70.2]
[123,'ubtrobot',123,'ubtrobot']
['abcd',786,2.23,'ubtrobot',70.2,123,'ubtrobot']
```

与字符串不一样的是，列表中的元素是可以改变的，例如：

```
a=[1,2,3,4,5,6]
a[0]=9
a[2:5]=[13,14,15]
print(a)
a[2:5]=[]     # 将对应的元素值设置为 []
print(a)
```

输出结果：

```
[9,2,13,14,15,6]
[9,2,6]
```

List 内置了很多方法，例如 append( )、pop( ) 等等。

注意：

① List 写在方括号之间，元素用逗号隔开。

② 和字符串一样，List 可以被索引和切片。

③ List 可以使用加号（＋）符进行拼接。

④ List 中的元素是可以改变的。

5）Set（集合）。集合（Set）是由一个或数个形态各异的大小整体组成的，构成集合的事物或对象称作元素或成员。集合的基本功能是删除重复元素和进行成员关系测试。

可以使用大括号 { } 或者 Set( ) 函数创建集合，注意：创建一个空集合必须用 set( ) 而不是 set{ }，因为"{ }"是用来创建一个空字典的。

创建格式为：

```
parame={value01,value02,...}
```

或者：

```
set(value)
```

集合实例如下：

```
#!/usr/bin/Python3

sites={'Google','Taobao','Ubtrobot','Facebook','Zhihu','Baidu'}
print(sites)    # 输出集合，重复的元素被自动去掉
# 成员测试
if'Ubtrobot'in sites:
    print('Ubtrobot 在集合中')
else:
    print('Ubtrobot 不在集合中')
#set 可以进行集合运算
a=set('abracadabra')
b=set('alacazam')

print(a)
print(a-b)      # a 和 b 的差集
print(a|b)      # a 和 b 的并集
print(a&b)      # a 和 b 的交集
print(a^b)      # a 和 b 中不同时存在的元素
```

输出结果：

```
{'Google','Facebook','Ubtrobot','Baidu','Taobao','Zhihu'}
Ubtrobot 在集合中
{'b','c','a','r','d'}
{'r','b','d'}
{'b','c','a','z','m','r','l','d'}
{'c','a'}
{'z','b','m','r','l','d'}
```

6）Dictionary（字典）。字典是 Python 语言中另一个非常有用的内置数据类型。列表是有序的对象集合，字典是无序的对象集合。两者之间的区别在于：字典当中的元素是通过键来存取的，而不是通过偏移存取。字典是一种映射类型，用"{ }"标识，它是一个无序的"键（key）：值（value）"的集合。键必须使用不可变类型。在同一个字典中，键必须是唯一的。

实例如下：

```
#!/usr/bin/Python3

dict={}
dict['one']="1-优必选教程"
dict[2]   ="2-优必选工具"
tinydict={'name':'ubtrobot',' code':1,'site':'www.ubtrobot.com'}

print(dict['one'])         #输出键为 'one' 的值
print(dict[2])             #输出键为 2 的值
print(tinydict)            #输出完整的字典
print(tinydict.keys())     #输出所有键
print(tinydict.values())   #输出所有值
```

输出结果：

```
1-优必选教程
2-优必选工具
{'name':'ubtrobot','code':1,'site':'www.ubtrobot.com'}
dict_keys(['name','code','site'])
dict_values(['ubtrobot',1,'www.ubtrobot.com'])
```

构造函数 dict( ) 可以直接从键值对序列中构建字典，即：

```
print(dict([('Ubtrobot',1),('Google',2),('Taobao',3)]))
print({x:x**2 for x in (2,4,6)})
print(dict(Ubtrobot=1,Google=2,Taobao=3))
```

输出结果：

```
{'Ubtrobot':1,'Google':2,'Taobao':3}
{2:4,4:16,6:36}
{'Ubtrobot':1,'Google':2,'Taobao':3}
```

另外，字典类型也有一些内置的函数，例如 clear( )、keys( )、values( ) 等。

注意：
①字典是一种映射类型，它的元素是键值对。
②字典的关键字必须为不可变类型，且不能重复。
③创建空字典使用"{ }"。

（2）代码编写规则

1）代码缩进规则。在 Python 语言中，代码块的对齐是通过〈Space〉或〈Tab〉键来完成的，而且 Python 语言是强要求格式的，如果某个代码块没有对齐就会报错。

2）变量命名规则。在 Python 语言中，变量命名规则如下：

①变量名称由数字、字母 (包括大写字母和小写字母)、下划线组成。

②变量名不能以数字开头。

③变量名不能用 Python 语言关键字。

④变量名不能用 Python 语言函数，否则函数将不能正常使用。

⑤变量命名严格区分大小写。

3）注释。为了增加代码的可读性，人们经常需要为它们写上一些必要的注释。Python 语言中单行注释采用"#"开头，多行注释采用三个单引号或者三个双引号的方式。

4）中文编码问题。由于 Python 语言源代码是一个文本文件，所以，若用户的源代码中包含中文，在保存源代码时，就务必要指定保存为 UTF-8 编码。当 Python 语言解释器读取源代码时，为了让它按 UTF-8 编码读取，通常在文件开头写上这两行：

```
#! usr/bin/env Python
#-*-coding:utf-8-*-
```

第一行注释是为了告诉系统，这是一个 Python 语言的可执行程序，Windows 系统会忽略这个注释；第二行注释是为了告诉 Python 语言解释器，按照 UTF-8 编码读取源代码，否则，在源代码中写的中文输出可能会有乱码。

（3）条件控制

Python 语言条件语句是通过一条或多条语句的执行结果（true 或者 false）来决定执行的代码块。可以通过图 8-10 来简单了解条件语句的执行过程。

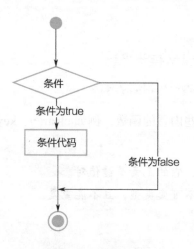

图 8-10　条件控制

if 语句的条件加冒号，后面可以连接 elif，它是 else 和 if 的简写，也可以连接 else。举例如下：

```
if a>=10:
    print('ok')
elif a>=20:
    print('sorry')
elif a>=30:
    print('yes')
else a>=40:
    print('who')
```

（4）循环结构

循环结构所用语句主要包括 for 语句和循环语句。

1）for 语句。示例代码如下：

```
sum=0
for x in[0,1,2,3,4]:
    sum=sum+x
print(sum)
```

上面这段代码表示求取 0 加到 4 的和。另外也可使用 Python 语言自带的 range( ) 函数来生成一个整数序列，代码如下：

```
sum=0
for x in range(5):
    sum=sum+x
print(sum)
```

输出结果：

```
10
```

2）while 循环语句。代码示例如下：

```
sum=0
n=4
while n>0:
    sum=sum+n
    n=n-1
print(sum)
```

while 语句用于在一定条件下，循环执行某段程序，以处理需要重复处理的相同任务，而 whileTrue：这样的格式则会用来表示永久循环。

（5）函数

函数是一种通用逻辑的抽象，用来构造重复逻辑来减轻编程复杂度。例如：人们需要一个加法函数用来计算两个数相加，需要一个求取圆面积的函数来求得任意半径的圆的面积。函数就是一种数学算法的抽象。可以分为自定义函数和调用 Python 库函数两种。

1）自定义函数。代码示例如下：

```
# 定义一个函数
def sum(a,b):
    c=a+b
    return c
s1=sum(1323,9987)      # 函数第一次调用
print(s1)
s2=sum(2231,3334)      # 函数第二次调用
print(s2)
```

这段代码中用户自行定义了一个加法函数，接下来就可以重复调用这个函数来实现任意整数的加法。这极大地简化了代码重复利用的逻辑。函数名后面括号里的 a 和 b 是参数，参数可以没有也可以有多个，而括号之后的冒号是必要的。下面函数模块中的语句必须遵循缩进格式。

2）Python 库函数。例如 abs(–20) 输出结果为 20，这个函数表示求取一个整数的绝对值。类似这种 Python 库函数给人们的程序编写带来了许多便利。

Python 标准库非常庞大，所提供的组件涉及范围十分广泛，这个库包含了多个内置模块（以 C 语言编写），使用 Python 语言的程序员必须依靠它来实现系统级功能，例如文件 I/O，此外还有大量以 Python 语言编写的模块提供了日常编程中许多问题的标准解决方案。其中有些模块经过专门设计，通过将特定平台功能抽象化为平台中立的 API 来鼓励和加强 Python 语言程序的可移植性。

Windows 版本的 Python 安装程序通常包含整个标准库，往往还包含许多额外组件。对于类 UNIX 操作系统，Python 安装程序通常会分成一系列的软件包，因此可能需要使用操作系统所提供的包管理工具来获取部分或全部可选组件。在这个标准库以外还存在成千上万并且不断增加的其他组件。

（6）Python 模块

为了更好地组织 Python 语言代码，让代码表现得更有结构和层次感，人们使用 import 关键字来导入模块。而模块可以分为内置模块和自定义模块。

1）内置模块。Python 语言内置了许多函数模块，用户直接导入之后调用就可以了，例如：

```
# 引入时间模块
import time
now=time.time()
print(now)
```

这段代码导入了时间模块，然后获取了当前的时间戳，并把它显示出来。

2）自定义模块。自定义模块是指用户可以自己定义一些 Python 语言文件然后把它作为模块来让其他 Python 语言文件调用。例如先定义一个 hello.py 文件，然后在同一目

录下写一个 test.py 文件并调用前者的代码如下：

```
# hello.py
#!/usr/bin/env Python

def welcome_func(a):
    print("welcome:",a)
```

```
# test.py
#!/usr/bin/env Python
import hello                          # 调用 hello 模块
hello.welcome_func("sanson")         # 调用函数成员
```

运行 Python test.py 输出结果：
welcome:sanson

任务实施

所需设施 / 设备：机器人 1 个、平板计算机或者安卓手机 1 部、显示器 1 台、无线路由器 1 台（自动分配地址）、蓝牙键盘鼠标 1 套。

任务 8.1　编写 Python 语言循环语句

（1）通过 VNC 连接机器人

通过 VNC 连接机器人，进入树莓派操作系统桌面。

（2）打开 Jupyter Lab

找到桌面上的 JupyterLab（见图 8-11）并双击打开，进入 JupyterLab 界面，如图 8-12 所示。

图 8-11　机器人树莓派系统桌面

图 8-12　JupyterLab 界面

（3）新建 Notebook 文件

在根目录下新建一个 Notebook（见图 8-13），选择 Python 3 内核（见图 8-14），新建完成后如图 8-15 所示。

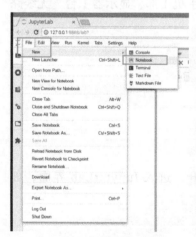

图 8-13　新建 Notebook

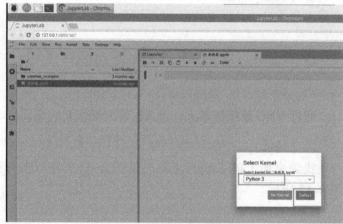

图 8-14　选择 Python 3 内核

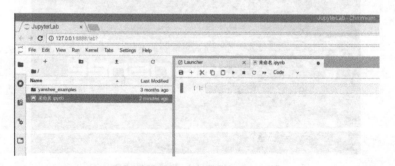

图 8-15　新 Notebook

（4）编写 for 循环程序

在编辑框中编辑以下内容（见图 8-16）：

```
for i in range(3):
    print("Hello World!")
```

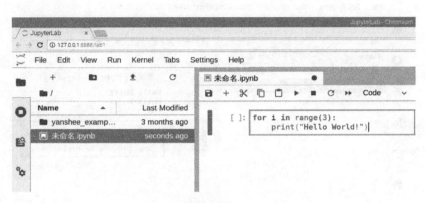

图 8-16　程序内容（for 循环）

（5）运行程序

单击运行按钮运行程序，检查程序显示内容，代码无误的话程序会显示三次"Hello World!"，如图 8-17 所示。

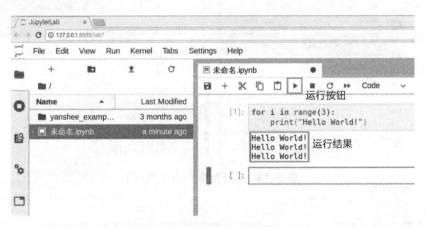

图 8-17　运行结果（for 循环）

（6）编写 while 循环程序

在编辑框中编辑以下内容（见图 8-18）；

```
i=0
while i<3:
    print("Hello World!")
```

（7）运行程序

单击运行按钮运行程序，检查程序显示内容，代码无误的话程序会和之前一样显示三次"Hello World!"，如图 8-19 所示。

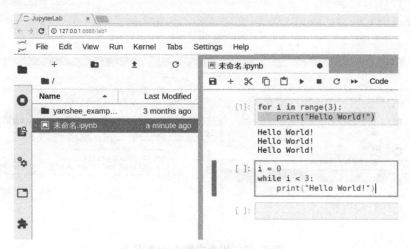

图 8-18   程序内容（while 循环）

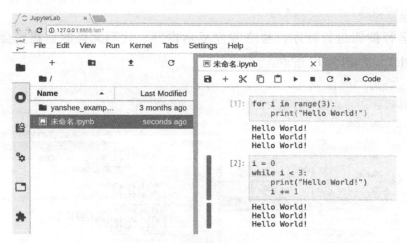

图 8-19   运行结果（while 循环）

任务 8.2   使用 Python 语言实现机器人语音播报功能

（1）新建 Notebook 文件

在 JupyterLab 中新建一个 ipynb 文件并选择 Python 3 内核，具体步骤与任务 8.1 一样。

（2）录入程序

在编辑框中编辑以下内容（见图 8-20）。

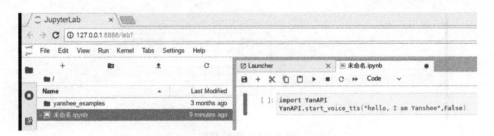

图 8-20　程序内容（语音播报）

1）导入 YanAPI，具体知识在之后的项目九会详细讲解，这里先使用，其代码如下：

```
import YanAPI
```

2）调用 YanAPI.start_voice_tts( ) 方法，它的功能是让机器人实现语音播报功能，说出"hello, I am Yanshee"，其代码如下：

```
YanAPI.start_voice_tts("hello,I am Yanshee",False)
```

（3）重命名

重命名文件为"Num 1 program.ipynb"（见图 8-21 和图 8-22）。

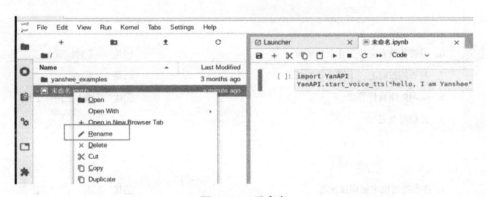

图 8-21　重命名

图 8-22　重命名为"Num 1 program.ipynb"

（4）运行程序

运行程序，检查程序输出的内容，等待机器人说出"hello, I am Yanshee"（见图 8-23）即可。

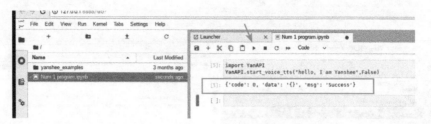

图 8-23   运行程序

任务评价

班级		姓名		学号		日期		
自我评价	1. 是否能正确编写 for 循环语句					□是 □否		
	2. 是否能正确编写 while 循环语句					□是 □否		
	3. 是否能正确运行 Python 程序					□是 □否		
	4. 是否能通过 Python 语言编程实现机器人语音播报功能					□是 □否		
	5. 在完成任务时遇到了哪些问题？是如何解决的							
	6. 是否能独立完成工作页的填写					□是 □否		
	7. 是否能按时上、下课，着装规范					□是 □否		
	8. 学习效果自评等级					□优 □良 □中 □差		
	9. 总结与反思							
小组评价	1. 在小组讨论中能积极发言					□优 □良 □中 □差		
	2. 能积极配合小组完成工作任务					□优 □良 □中 □差		
	3. 在查找资料信息中的表现					□优 □良 □中 □差		
	4. 能够清晰表达自己的观点					□优 □良 □中 □差		
	5. 安全意识与规范意识					□优 □良 □中 □差		
	6. 遵守课堂纪律					□优 □良 □中 □差		
	7. 积极参与汇报展示					□优 □良 □中 □差		
教师评价	综合评价等级： 评语：							

教师签名：   日期：

⊙ 任务拓展

连接机器人，结合循环结构、条件控制等流程控制语句编写 Python 语言程序，让机器人实现循环语音播报功能。

⊙ 项目小结

本项目学习了 Python 语言基础编程知识，并通过 Python 语言程序让机器人实现了简单的语音播报技能，为之后项目的学习打下了基础。

09

项目九
机器人运动控制

【项目导入】

　　人行走的过程中，先是胯关节转动，然后提起膝关节弯曲向前，踝关节跟着朝上伸出，完成向前走一步的动作。由此可见，人类的运动控制是通过关节的配合来完成的。那么要让机器人进行运动，就也需要相应的关节配合才行，于是就有了舵机的出现。舵机可以直接理解为机器人的关节，通过控制角度和结构件连接来完成机器人组合动作。跟人类的运动类似，机械臂和机器人是通过它们的舵机来完成基本的动作的，如图 9-1 所示。

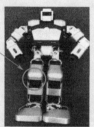

图 9-1　人类的关节到机器人的舵机

➢ 项目任务

1）通过调用 API 设置机器人音量。

2）通过 JupyterLab 控制机器人跳一支舞。

3）调用机器人运动控制 API 实现：让机器人举起右手三次后鞠躬，连续跳两段舞蹈。

➢ 学习目标

1. 知识目标

1）了解舵机的基本概念。

2）了解 SDK 和 API 的概念及其关系。

3）熟悉机器人 API 的组成部分。

4）熟悉机器人 API 的一般调用步骤。

5）熟悉机器人同步函数和异步函数的区别。

2. 能力目标

1）能够熟练配置 VNC 并连接机器人。

2）能在 JupyterLab 中控制机器人。

3）会查看机器人的官方 SDK 文档。

4）能调用 API 对机器人进行动作控制。

➢ 知识链接

1. 电动机与舵机

（1）认识步进电动机与伺服电动机

1）电动机简介。置于磁场中的导线有电流流过时，将产生垂直磁力线方向的作用力，这种力被叫作安培力。电动机是一种通电之后持续转动的装置。它可以将电能转化成机械能，以驱动其他机器运动。电动机将转子上的导线线圈（绕组）置于磁场中，当电流在绕组中流动时，绕组两侧产生方向相反的力，推动绕组持续的转动，经转子的轴向外输出机械能。图 9-2 所示为电动机的原理图。

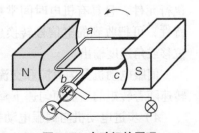

图 9-2　电动机的原理

电磁感应产生的力，与导线中流通的电流成正比。电流越大，产生的力越大。如果电流的方向改变，力的方向也随之改变。因此，可以通过控制电流的通断、强度和方向，来控制电动机转矩的大小和方向。如果可以通过传感器读取电动机的工作状态，并且用电路不断改变电动机的电流值，就可以让电动机按照需要的方式运动。

2）认识步进电动机。步进电动机是一种将电脉冲信号转换成相应角位移或线位移的电动机。每输入一个脉冲信号，转子就转动一个角度或前进一步，其输出的角位移或线位移与输入的脉冲数成正比，转速与脉冲频率成正比。因此，步进电动机又称脉冲电动机，如图 9-3 所示。

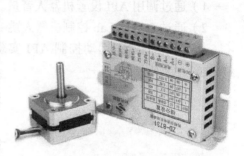

图 9-3　步进电动机及驱动器

步进电动机基于最基本的电磁铁原理，它是一种可以自由回转的电磁铁，其动作原理是依靠气隙磁导的变化来产生电磁转矩。

步进电动机相对于其他控制用电动机的最大区别是，它可接收数字控制信号（电脉冲信号）并转化成与之相对应的角位移或直线位移，因此它本身就是一个完成数字模式转化的执行元件。而且它可支持开环位置控制，输入一个脉冲信号就得到一个规定的位置增量，这样的增量位置控制系统与传统的直流控制系统相比成本明显降低，几乎不必进行系统调整。

由于步进电动机是一个把电脉冲转换成离散的机械运动的装置，具有很好的数据控制特性，因此，计算机成为步进电动机的理想驱动源，随着微电子和计算机技术的发展，软硬件结合的控制方式成为了主流，即通过程序产生控制脉冲，驱动硬件电路。单片机通过软件来控制步进电动机，这更好地挖掘出了电动机的潜力。因此，用单片机控制步进电动机已经成为了一种必然的趋势，也符合数字化的时代趋势。

3）认识伺服电动机。伺服电动机（Servo Motor）是指在伺服系统中控制机械元件运转的电动机，是一种补助马达间接变速装置，如图 9-4 所示。伺服电动机可使速度和位置控制的精度非常高，可以将电压信号转化为对应的转矩和转速以驱动控制对象。伺服电动机转子转速受输入信号控制，并能快速反应，在自动控制系统中用作执行元件，且具有机电时间常数小、线性度高等特性，可把收到的电信号转换成电动机轴上的角位移或角速度输出。

图 9-4　伺服电动机

伺服电动机分为直流和交流两大类，其主要特点是，当信号电压为零时无自转现象，转速随着转矩的增加而匀速下降。

4）步进电动机与伺服电动机的区别。

①控制方式不同。步进电动机是通过控制脉冲的个数控制转动角度的，一个脉冲对应一个步距角，但是没有反馈信号，电动机不知道具体走到了什么位置，位置精度不够高。伺服电动机也是通过控制脉冲个数实现控制的，伺服电动机每旋转一个角度，都会

发出对应数量的脉冲，同时驱动器也会接收到反馈回来的信号并和伺服电动机接受的脉冲形成比较，这样系统就会知道发了多少脉冲给伺服电动机，同时又收了多少脉冲回来，这样就能够很精确地控制电动机的转动，从而实现精确的定位，精度可以达到0.001mm。

②运行性能不同。步进电动机的控制为开环控制，起动频率过高或负载过大易出现丢步或堵转的现象，停止时转速过高易出现过冲的现象，所以为保证其控制精度，应处理好升、降速问题。交流伺服驱动系统为闭环控制，驱动器可直接对电动机编码器反馈信号进行采样，在内部构成位置环和速度环，一般不会出现步进电动机的丢步或过冲的现象，控制性能更为可靠。

③速度响应性能不同。步进电动机从静止加速到工作转速（一般为每分钟几百转）需要200~400ms。交流伺服电动机的加速性能较好，以三洋400W交流伺服电动机为例，从静止加速到其额定转速3000r/min仅需几毫秒，可用于要求快速起停的控制场合。

综上所述，交流伺服电动机在许多性能方面都优于步进电动机。但在一些要求不高的场合也经常用步进电动机来做执行电动机。所以，在控制系统的设计过程中要综合考虑控制要求、成本等多方面的因素，选用适当的控制电动机。

（2）认识舵机

舵机不像普通电动机那样只是旋转，它可以根据用户的指令旋转到0°~180°之间的任意角度然后精准地停下来。它具有控制方便、种类繁多的特点。舵机是个糅合了多项技术的科技结晶，它由直流电动机、减速齿轮组、传感器和控制电路组成，是一套自动控制装置，如图9-5所示。

所谓自动控制就是用一个闭环反馈控制回路不断校正输出的偏差，使系统的输出保持恒定。生活中常见的恒温加热系统就是自动控制装置的一个范例。

图9-5　舵机

对于舵机而言，位置检测器是它的输入传感器，舵机转动的位置一变，位置检测器的电阻值就会跟着变。通过控制电路读取该电阻值的大小，就能根据阻值适当调整电动机的速度和方向，使电动机向指定角度旋转。图9-6显示的是一个标准舵机的部件分解图。

舵机的形状和大小丰富多样，但大致可以分成如图9-7所示的几种类型。最右边的是常见的标准舵机，中间两个小的是微型舵机，左边体积最大的是大扭力舵机。它们都是同样的三线控制，可根据需要来选用。

除了大小和质量，舵机还有两个主要的性能指标：扭力和转速，这两个指标由减速齿轮组和电动机所决定。扭力，通俗讲就是舵机有多大的"劲儿"。在5V的电压下，标准舵机的扭矩是0.539N·m。转速，就是指从一个位置转到另一个位置要多长时间。在5V电压下，舵机标准转度是0.2s移动60°。总之，舵机越大，转得就越慢但也越有"劲儿"。

Yanshee人形机器人上有17个不同的舵机，用来控制全身的"关节"，如图9-8所示。

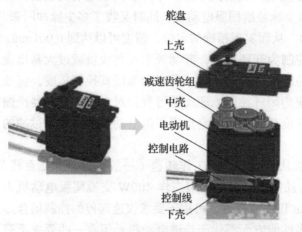

图 9-6   舵机部件分解图

图 9-7   各种形状的舵机

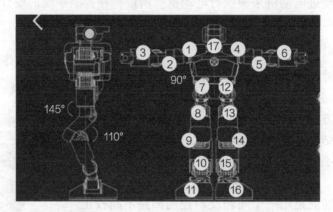

图 9-8   Yanshee 人形机器人上的舵机

2. SDK 与 API

（1）认识 SDK

软件开发工具包（Software Development Kit，SDK）是一个覆盖面相当广泛的名词，可以这么说：辅助开发某一类软件的相关文档、范例和工具的集合都可以叫作 SDK。SDK 被开发出来是为了减少程序员工作量的。比如某公司开发出某种软件的某一功能，把它封装成 SDK（比如数据分析 SDK 就是能够实现数据分析功能的 SDK），便可出售给其他公司做二次开发用。

（2）认识 API

应用程序接口（Application Programming Interface，API）举个例子来说就是：研发人员 A 开发了软件 A，研发人员 B 正在研发软件 B。有一天，研发人员 B 想要调用软件 A 的部分功能来用，但是他又不想从头看一遍软件 A 的源码和功能实现过程，怎么办呢？研发人员 A 想了一个好主意：我把软件 A 里你需要的功能打包好，写成一个函数。

你按照我说的流程，把这个函数放在软件 B 里，就能直接用我的功能了。其中，API 就是研发人员 A 说的那个函数，这也是 API 的诞生。

（3）SDK 与 API 的关系

一个完整的 SDK 应该包括接口文件、库文件、帮助文档、开发示例、实用工具。API 是一些预先定义的函数，提供应用程序与开发人员基于某软件或硬件得以访问一组例程的能力。API 仅仅是 SDK 中的一部分，不过如果 SDK 中其他内容不多的情况下，也可以把两者等同来看。

3. YanAPI

（1）YanAPI 介绍

YanAPI 是基于 RESTful 接口开发的、针对 Python 语言的 API，提供了使用 Python 语言获取机器人状态信息、设计程序控制机器人表现的能力，可以轻松定制与众不同的专属机器人。只需要具备一定 Python 3 编程经验、了解函数的调用方式，就能很容易地实施对机器人的控制。这一套 SDK 分成 11 个不同种类的功能，见表 9–1。

表 9–1　YanAPI 分类

序号	分类名称	举例
1	系统状态相关	获取机器人电量信息：get_robot_battery_info 获取机器人音量：get_robot_volume 设置机器人音量：set_robot_volume
2	灯效相关	获取机器人灯效：get_robot_led 设置机器人灯效：set_robot_led
3	音乐播放相关	播放音乐：start_play_music 停止播放音乐：stop_play_music
4	动作相关	开始动作执行：start_play_motion 暂停动作执行：pause_play_motion 恢复动作执行：resume_play_motion 停止动作执行：stop_play_motion
5	舵机相关	查询舵机角度值：get_servos_angles 设置舵机角度值：set_servos_angles
6	传感器相关	获取触摸传感器值：get_sensors_touch 获取超声波传感器值：get_sensors_ultrasonic
7	语音相关	开始语义理解：start_voice_asr
8	视觉相关	开始人脸识别：start_face_recognition
9	订阅相关	订阅运动控制状态信息：start_subscribe_motion
10	uKit 相关	发送 UDP 广播消息给 uKit2.0：send_msg_to_ukit
11	其他	获取胸口指示灯灯效颜色：get_button_led_color_value

进入 YanAPI 官方网站，可以发现官方网站提供了两种类型 API 的在线文档，如图 9-9 所示。

1）RESTful API：一个基于 Http 协议的 API 标准，提供诸多语言的接口支持，认证考试对此部分不做要求，官方也推荐采用新推出的 YanAPI，故此部分不再展开介绍。

2）YanAPI：一个基于 RESTful 接口开发的、针对 Python 语言的最新接口 API。

图 9-9　YanAPI 官网首页

单击"YanAPI"后，会显示如图 9-10 所示的页面，左边的导航栏显示该部分的三项内容：YanAPI 接口文档说明、YanAPI 说明、版本说明，以下分别介绍。

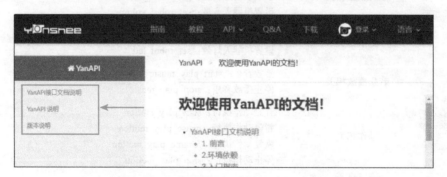

图 9-10　YanAPI

1）YanAPI 接口文档说明。YanAPI 接口文档说明会把所有的 API 进行简单的分类列表，如图 9-11 所示。该文档是用户进行二次开发的重要依据。

2）YanAPI 使用说明。除了之前的接口文档说明，还有一个对每一个 API 进行使用说明的文档，该文档也是用户进行二次开发的重要依据，如图 9-12 所示。

（2）使用 YanAPI 在线文档

官方网站提供了非常丰富的在线文档，进入官方网站后的页面如图 9-13 所示。详细的使用方法可以在官方网站里找到对应的"指南"和"教程"进行具体学习。

图 9-11　YanAPI 接口文档说明页面

图 9-12　YanAPI 使用说明

图 9-13　Yanshee 官方网站

（3）YanAPI 使用流程

　　Python 语言是通过区分类库的方式来划分功能的。用户使用时根据自身的需要加载合适的类库来完成需要的功能。这里以 Python 3.8 为例来介绍 YanAPI 的使用流程。具体流程如下：

1）引入库。如果想让机器人实现运行，先要进行引入库的操作。将 SDK 文件拷贝到机器人的本地路径 /usr/local/lib/python3.8/dist-packages/ 目录下，可方便后期的引入及调用。

2）程序中引入 SDK。接下来通过程序来引入 SDK。具体操作是，打开 Python 软件，输入以下内容：

```
import YanAPI     #YanAPI 就是 Yanshee 提供的 SDK
```

3）初始化机器人。当程序在机器人本体中运行时无需初始化。当机器人通过计算机端调用 API 时，需要进行初始化操作。操作时要设置机器人的 IP 地址，并且机器人与计算机端要接入同一局域网。

机器人的初始化需要通过 Python 语言进行如下的 API 执行：

```
/**
 *  初始化 SDK
 *  @param robot_ip   机器人 IP 地址
 *  @return 无
 */
def yan_api_init(robot_ip):
```

机器人 IP 地址获取具体方法如下：

①通过 Yanshee 移动端 APP 连接机器人，在侧边栏"设置"→"机器人信息"中查看 IP 地址。

②通过 HDMI 线连接机器人和显示器，打开 Terminal 终端，输入指令：ifconfig wlan0 获取 IP 地址。

③通过 HDMI 线连接机器人和显示器，单击桌面的网络图标，查看 IP 地址。

4）调用 SDK。根据需要在 YanAPI 的官方网站找到所需的 API 函数，了解函数的输入和输出数据及其数据形式。然后根据格式要求，调用函数获取 / 设置信息。

（4）运动控制 API

1）运动控制 API 的分析。

异步运动 API 原型：

start_play_motion(name: str="reset", direction: str="", speed: str ="normal", repeat: int=1, timestamp: int=0)

同步运动 API 原型：

sync_play_motion(name: str = "reset", direction: str ="", speed: str = "normal", repeat: int = 1, timestamp: int = 0)

上述两个函数的参数规则完全相同：

① name 是动作名称，有如下的可选的值：

raise | crouch | stretch | come on | wave | bend | walk | turn around | head | bow。

② direction 是运动的方向：

当 name 是 raise | stretch | come on | wave 时，direction 可选项为 left | right | both。

当 name 是 bend | turn around 时，direction 可选项为 left|right。

当 name 是 walk 时，direction 可选项为 forward | backward | left | right。

当 name 是 head 时，direction 可选项为 forward | left | right。

③ repeat 是重复次数可选范围是 1~100。

④ speed 是动作执行速度，可选项是 very slow | slow | normal | fast | very fast。

⑤ timestamp 是 (int64) 时间戳，即 UNIX 标准时间。

2）运动控制 API 的使用步骤。

①首先导入机器人头文件：

```
import YanAPI
```

②设置需要控制的机器人 IP 地址：

```
ip_addr="127.0.0.1"
YanAPI.yan_api_init(ip_addr)
```

③调用运动控制 API 让机器人执行相关动作：

```
YanAPI.sync_play_motion(name="bow",speed="slow")
```

（5）YanAPI 的同步函数与异步函数

同步函数是指当执行某个函数时，一定要等它执行完才可以执行下一条指令，若未执行完就一直等待下去，使整个程序呈阻塞状态。异步函数是指执行某个函数时，不会等待它执行完成就可以执行其他指令。一般要做大量计算或要占用长时间的函数是异步函数，要不然程序就会一直卡在那里不动。

YanAPI 中的函数通过函数名就能分辨，以"sync"开头的就是同步函数，这类函数调用之后要等待它执行完毕，程序才可以接着执行下面的语句。相反，其他不以"sync"开头的就是异步函数，这些函数被调用之后，立即返回接着执行后续指令。

⬡ 任务实施

所需设施 / 设备：机器人 1 个、平板计算机或者安卓手机 1 部、显示器 1 台、无线路由器 1 台（自动分配地址）、蓝牙键盘鼠标 1 套。

任务 9.1 调用 API 设置机器人音量

本任务的目的是会使用官方 SDK 帮助文档，调用 API 设置机器人音量。任务中将具体以"加大机器人音量 5 个单位"为例来进行。通过分析，本次任务一是要获取当前的音量值；二是将当前的音量值加 5；三是调用 API 完成机器人音量设置任务。具体操作步骤如下：

（1）获取机器人当前音量 API 信息

1）打开 YanAPI 文档首页，搜索查询"音量"。

先在 YanAPI 官方网站中打开文档，如图 9-14 所示。在页面中调出"查找"
（〈Ctrl+F〉快捷键）功能对话框，在对话框中输入要查询的关键字"音量"，按〈Enter〉
键确认，将显示查询结果，如图 9-15 所示。

 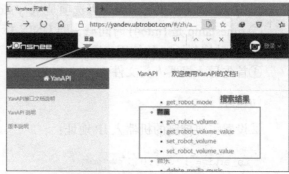

图 9-14　YanAPI 官方网站　　　　　　　　　　图 9-15　查询"音量"

通过搜索发现有 4 个 API，通过 API 名称可知其意义如下：

① get_robot_volume：获取机器人的音量。

② get_robot_volume_value：获取机器人的音量值。

③ set_robot_volume：设置机器人的音量。

④ set_robot_volume_value：设置机器人的音量值。

在 YanAPI 中，只要是有 value 结尾和没有 value 结尾的 API 成对出现的话，有 value
结尾的 API 都是简单用法。以上的结果都可以单击查询详细说明。

2）查看获取机器人的音量 API 详细说明，如图 9-16 所示。

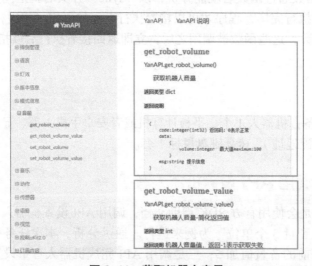

图 9-16　获取机器人音量

通过说明可知，get_robot_volume 和 get_robot_volume_value 的功能都一样，就是返
回值有区别。get_robot_volume_value 的返回值是 int 型的，代表要查询的音量，相比之

下 get_robot_volume 的返回值是 dict 类型的，要获取其中的音量值还需要一步操作，显然 get_robot_volume_value 使用更简单。

（2）设置音量 API 调节音量

查看设置机器人的音量 API 详细说明，如图 9-17 所示。需要将机器人的音量在原音量值基础上增加 5，通过查看详细说明可知，set_robot_volume 和 set_robot_volume_value 的功能都一样，参数也相同，都是一个 int 型值代表要设置的音量，set_robot_volume_value 是简化返回值，通过 bool 型（即 True 或者 False）返回值判断执行的正确与否。

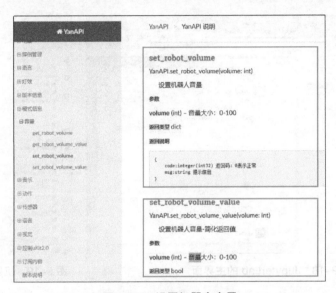

图 9-17　设置机器人音量

（3）调用 API 完成机器人音量设置

接下来通过调用 API 完成音量设置增加 5。具体编程代码如下：

vol=get_robot_volume_value( )

set_robot_volume_value(vol+5)

完成音量设置的完整代码如下：

```
import YanAPI
ip_addr="127.0.0.1"
YanAPI.yan_api_init(ip_addr)
ret=YanAPI.get_robot_volume()
if ret["code"]==0:
    volume=ret["data"]["volume"]
    YanAPI.set_robot_volume(volume+5)
```

任务 9.2　调用 API 控制机器人运动跳舞

本任务将通过调用 API 让机器人完成运动控制和跳舞动作。

（1）登录 JupyterLab

机器人内部内置安装了 JupyterLab，可以通过计算机的浏览器远程登录到 JupyterLab。方法是在地址栏输入机器人的 IP 地址和端口号即可，如图 9-18 所示。

（2）调用 API 控制机器人运动

如图 9-19 所示，机器人内置了很多样例，初学者研究样例代码就可以很快掌握对机器人进行二次开放的方法。例如人脸识别、手势识别、物体识别、动作控制、播放音乐等。

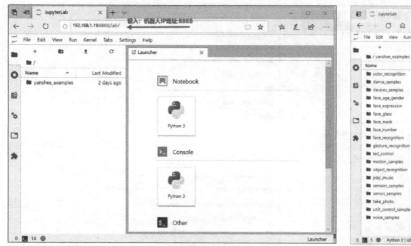

图 9-18　JupyterLab 的主界面

图 9-19　机器人内置的样例

双击"motion_samples"文件夹之后，可看到当中的文件列表，双击文件"motion_samples.ipynb"，显示如图 9-20 所示的内容。这些内容分为两种，一种是源代码，一种是说明文档。当单击代码时，会出现图 9-20 所示的矩形框，此时，单击工具栏的三角形播放按钮就可以执行 Python 语言代码段。

（3）调用 API 让机器人运动跳舞

创建新的 JupyterLab 项目，单击图 9-21 左上方的"+"按钮，表示新增一个 ipynb 项目，如图 9-21 所示，选择 Notebook 类型，Python 3 版本。

图 9-20　执行内置的文件

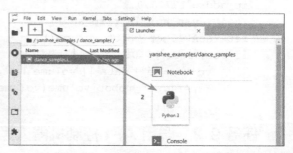

图 9-21　创建新的 JupyterLab 项目

在如图 9-22 所示的界面中，可以通过"复制""粘贴"的方法把其他样例中的程序代码复制过来。图 9-22 中的程序代码是让机器人跳一段舞蹈用的，舞蹈名称"WakaWaka"，是系统内置的。

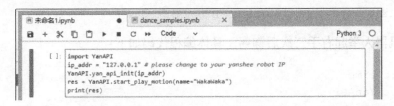

图 9-22　在 JupyterLab 项目中编写代码

任务 9.3　调用同步函数与异步函数 API 完成鞠躬和舞蹈

（1）调用运动控制 API

1）首先导入机器人头文件：

```
import YanAPI
```

2）设置需要控制的机器人 IP 地址：

```
ip_addr="127.0.0.1"
YanAPI.yan_api_init(ip_addr)
```

3）调用运动控制 API 让机器人执行相关动作：

```
YanAPI.sync_play_motion(name="bow",speed="slow")
```

（2）同步动作控制 API 的具体调用

同步动作控制一定要等当前指令执行完才可以执行下一条指令，若未执行完就一直等待下去，整个程序呈阻塞状态。例如下面的让机器人举起左手、鞠躬、蹲下、复位，都是同步动作控制，完成整条指令才能进行下一条。具体调用操作如下：

1）控制机器人举起左手。

```
YanAPI.sync_play_motion(name="raise",direction="left",speed="normal",repeat=1)
```

2）控制机器人鞠躬。

```
YanAPI.sync_play_motion(name="bow",speed="slow")
```

3）控制机器人蹲下。

```
YanAPI.sync_play_motion(name="crouch",speed="slow")
```

4）控制机器人复位。

```
YanAPI.sync_play_motion(name="reset")
```

（3）异步动作控制 API 的具体调用

通过调用异步函数 API 让机器人跳舞。跳舞的过程中可被打断。

1）控制机器人跳一段生日快乐舞。具体编程代码如下：

```
YanAPI.start_play_motion(name="HappyBirthday")
```

2）让机器人举起右手三次后鞠躬。具体编程代码如下：

```
import time
import YanAPI

ip_addr="127.0.0.1"
YanAPI.yan_api_init(ip_addr)

res=YanAPI.start_play_motion(name="raise",direction="right",speed="no
rmal",repeat=3)
time.sleep(2)
print(res)                      # 输出执行的结果，用于分析
YanAPI.sync_play_motion(name="crouch",speed="slow")
YanAPI.sync_play_motion(name="reset")
```

可以发现异步动作接口 start_play_motion 能被随时打断，因此用于非阻塞调用。如果延时不够就会被下一个动作打断。当然也可以通过机器人动作执行状态接口来判断是否执行完毕。

3）控制机器人，让其连续跳两段舞蹈，中间间歇 2s。在编程界面输入相应代码即可进行两段舞蹈表演。具体编程代码如下：

```
import time
import YanAPI

ip_addr="127.0.0.1"
YanAPI.yan_api_init(ip_addr)
YanAPI.sync_play_motion(name="HappyBirthday")
time.sleep(2)
YanAPI.start_play_motion(name="GangnamStyle")
```

⟳ 任务评价

班级		姓名		学号		日期	
自我评价	1. 能正确说出舵机的基本概念					□是	□否
	2. 能正确阐述 SDK 和 API 的概念及二者之间的关系					□是	□否
	3. 能够能正确调用 API，熟悉调用步骤					□是	□否

（续）

班级		姓名		学号		日期	
自我评价	4. 能够熟练配置 VNC 并连接机器人					□是　　□否	
	5. 会正确查看机器人 SDK 文档					□是　　□否	
	6. 会调用 API 实现机器人运动控制					□是　　□否	
	7. 在完成任务时遇到了哪些问题？是如何解决的						
	8. 是否能独立完成工作页 / 任务书的填写					□是　　□否	
	9. 是否能按时上、下课，着装规范					□是　　□否	
	10. 学习效果自评等级					□优　□良　□中　□差	
	11. 总结与反思						
小组评价	1. 在小组讨论中能积极发言					□优　□良　□中　□差	
	2. 能积极配合小组完成工作任务					□优　□良　□中　□差	
	3. 在查找资料信息中的表现					□优　□良　□中　□差	
	4. 能够清晰表达自己的观点					□优　□良　□中　□差	
	5. 安全意识与规范意识					□优　□良　□中　□差	
	6. 遵守课堂纪律					□优　□良　□中　□差	
	7. 积极参与汇报展示					□优　□良　□中　□差	
教师评价	综合评价等级： 评语： 教师签名：　　　　日期：						

任务拓展

利用系统提供的 API 以及回读功能实现机器人的向左转和向右转功能。

项目小结

本项目介绍了对机器人动作进行控制的 API，特别是对 YanAPI 进行了详细的介绍，通过对这些 API 的调用，可以让机器人完成音量调节、基本的肢体运动、跳舞等很多动作。

10

项目十
与机器人对话

【项目导入】

　　语言和声音是人们生活中的主要沟通方式,通过它们可以传情达意。随着 AI 技术的发展,智能语音技术已经融入人们的生活。从亚马逊的 Alexa 到微软的 Cortana,从苹果的语音助手 Siri 到谷歌的 Assistant 等等,语音识别技术的广泛应用给人们的生活带来极大的便利。那么,人们日常使用的电子产品的语音是如何产生的? 机器人又是如何听懂人的话语并进行智能化的语音回答的? 下面就来一起探索智能语音技术的神秘世界。知名度较高的 AI 语音助手如图 10-1 所示。

图 10-1　知名度较高的 AI 语音助手

项目任务

1）通过调用语音 API 函数实现机器人语音转文本。
2）通过调用语音 API 函数实现机器人的人机对话功能。

学习目标

1. 知识目标

1）了解机器人语音技术的概念和应用。
2）了解语音识别（ASR）技术的原理。
3）了解自然语言处理（NLP）技术的原理。
4）了解语音合成（TTS）技术的原理。

2. 能力目标

1）能调用 API 函数 YanAPI.sync_do_voice_iat( ) 实现语音转文本功能。
2）能调用 API 函数 YanAPI.sync_do_voice_asr( ) 实现语义理解功能。
3）能调用 API 函数 YanAPI.start_voice_tts( ) 实现语音合成的功能。
4）能综合运用语音相关 API，实现机器人的连续对话功能。

知识链接

1. 机器感知声音

　　人们在日常生活中都用过智能音响设备，智能音响设备有一个十分方便的功能，那就是通过语音下达指令来让音响设备执行。例如，我们对智能音响设备说："今天天气如何？"智能音响设备会回答："今天天气挺好的，晴天，适合户外活动。"

　　那么，这个过程中智能音响设备做了些什么？人类是通过耳朵感知声音的，那么机器是如何感知声音的呢？如图 10-2 所示，机器与人类对话需要实现 3 步。

图 10-2　机器与人类对话的实现

人类要和机器通过语音对话交流，对于机器来说，需要依次解决 3 个问题：

1）听懂人类的话。

2）理解人类的话，并找到合适的回答。

3）将回答播放出来。

这 3 个问题依次对应语音识别（Automatic Speech Recognition，ASR）、自然语言处理（Natural Language Processing，NLP）和语音合成（Text-to-Speech，TTS）。

1）语音识别（ASR）技术将声音转化成文字，相当于人类的耳朵。

2）自然语言处理（NLP）技术用于理解和处理文本，相当于人类的大脑。

3）语音合成（TTS）技术把文本转化成语音，相当于人类的嘴巴。

2. 语音识别技术（ASR）

听懂人类的话，实际就是将语音转换成正确的文字内容，用到的就是语音识别技术。

语音识别已经成为了一种很常见的技术，具有非常多的使用场景，人们在日常生活中经常会用到，如图 10-3 所示。

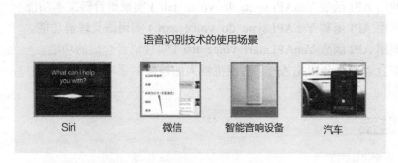

图 10-3　语音识别技术的使用场景

Siri 就是典型的语音识别；微信里有一个功能是"语音转文字"，也利用了语音识别技术；最近流行的智能音响设备就是以语音识别技术为核心的产品；比较新款的汽车基本都有语音控制的功能，这也是语音识别技术的应用。

通常语音识别有两种方法：

1）传统的识别方法，一般采用隐马尔可夫模型（HMM）。

2）基于深度神经网络的"端到端"方法。

两种方法都需要经过如图 10-4 所示的"语音输入→音频编码→音频解码→文字输出"的过程。

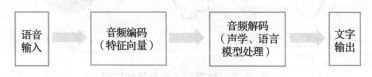

图 10-4　音频编码解码

（1）音频编码

音频编码就是把声音转化成机器能识别的样式，即用特征向量表示，如图10-5所示。

输入的声音信号是计算机没办法直接识别的，首先需要将声音信号切割成一小段一小段的形式，然后每一小段都按一定的规则用特征向量来表示。

（2）音频解码

音频解码就是把特征向量拼接成文字的形式，如图10-6所示。

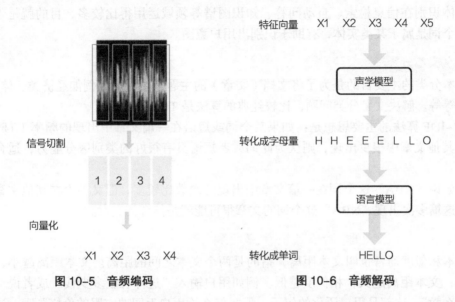

图10-5 音频编码　　　　　图10-6 音频解码

首先，将特征向量放到声学模型中，就可以得到每一小段对应的字母；然后，把翻译出来的字母再放到语言模型中，就可以组装成单词了。

3. 自然语言处理技术（NLP）

自然语言处理技术是语音交互中最核心，也是最难的模块。自然语言处理技术主要涉及文本预处理、词法分析、句法分析、语义理解、分词、文本分类、文本相似度处理、情感倾向分析、文本生成，等等。

（1）文本预处理

1）噪声。只要跟输出没有关系的信息就是噪声，例如空格、换行、斜杠等。去噪声后，文本变得更加规范化，不会出现各种杂乱的符号，这对于后续的处理非常重要。

2）词汇归一化。这个在处理英文文本时比较常用，如"play""player""played""plays"和"playing"是"play"的多种表示形式。虽然它们的含义不一样，但是在上下文中是相似的，可以把这些各种形式的单词归一化。归一化是文本特征工程的关键步骤，因为它将高维特征（N个不同特征）转化成了低维特征。

（2）词法分析

1）分词。分词就是把一个句子切分成多个词汇。例如输入"深圳明天的天气怎样？"，这个句子就会被分成"深圳 / 明天 / 的 / 天气 / 怎样"。其中"深圳""明天""天气"就是这句话的关键词，应通过关键词去匹配内容。

2）实体识别即实体提取，是指在一个文本中，提取出具体、特定类别的实体词，例如人名、地名、数值、专有名词等。例如输入"詹姆斯在 NBA 打了多少年球"，其中"詹姆斯"就是实体词，计算机可以通过当前的时间和詹姆斯加入 NBA 的时间给出他在 NBA 的球龄。

实体识别在信息检索、自动问答、知识图谱等领域运用得比较多，目的就是告诉计算机这个词是属于某类实体，有助于识别出用户意图。

（3）文本分类

文本分类的主要目的是为了将文档（文章）的主题进行分类，例如经济类、体育类、文学类等等。解决文案分类问题，比较经典的算法是 TF-IDF 算法。

TF-IDF 算法的主要思想是：如果某个词或短语在一篇文章中出现的频率（TF）高，并且在其他文章中很少出现，则认为此词或者短语具有很好的类别区分能力，适合用来分类。

比如说"NBA"这个词在一篇文章中出现的次数比较多，但又很少在其他文章中出现，那这篇多次出现"NBA"这个词的文章很可能就是体育类文章。

（4）文本相似度处理

文本相似度通常也叫文本距离，指的是两个文本之间的距离。文本距离越小，相似度越高；文本距离越大，相似度越低。例如用户输入"这件衣服多少钱"或者说"这件衣服怎么卖"，这都是很口语化的句子，那要怎么给用户返回"衣服的价格"呢？这就要根据文本相似度处理。首先计算出"多少钱""怎么卖"跟"价格"的相似度，然后根据相似度去匹配最佳答案。

文本相似度处理的应用场景有推荐、排序、智能客服以及自动阅卷等。

（5）情感倾向分析

情感倾向分析主要分为两大类：情感倾向分类、观点抽取。

1）情感倾向分类。情感倾向分类是指识别文本的情感倾向，如：消极、积极、中性。例如"这家餐馆不错，服务态度好，价格便宜"整个句子是积极的评价。情感倾向分类对给用户打标签，给用户推荐内容或服务，有比较好的效果。

2）观点抽取。观点抽取是把句子中的观点抽取出来。"这家餐馆不错，服务态度好，价格便宜"这个句子中，"服务态度好""价格便宜"就是观点词。

观点抽取对建立服务或内容的评价体系，有重要的意义。

4. 语音合成技术（TTS）

语音合成技术（TTS）是同时运用语言学和心理学的杰出之作，在芯片的支持之下，通过人工神经网络的设计，把文字智能地转化为自然语音流。语音合成技术可对文本文件进行实时转换，转换时间之短可以用秒计算。在特有的智能语音控制器作用下，文本输出的语音音律流畅，使得听者在听取信息时感觉自然，毫无机器语音输出的冷漠与生涩感。语音合成技术将覆盖国标一、二级汉字，具有英文接口，自动识别中、英文，支持中、英文混读。所有声音采用真人普通话为标准发音，实现了 120~150 个汉字 /min 的快速语音合成，朗读速度达 3~4 个汉字 /s，使用户可以听到清晰悦耳的音质和连贯流畅的语调。

语音合成技术不仅能帮助有视觉障碍的人阅读计算机上的信息，更能增加文本文档的可读性。语音合成技术的应用包括语音驱动的邮件以及声音敏感系统，并常与声音识别程序一起使用。

实现语音合成技术，目前比较成熟的有两种方法："拼接法"和"参数法"。

（1）拼接法

首先，准备好大量的语音，这些音都是由基本单位拼接成的（基本单位如音节、音素等），然后从已准备好的声音中抽取出来合成目标声音。

优点：语音合成的质量比较高。

缺点：数据量要求很大，数据库里必须有足够全的"音"。

（2）参数法

根据统计模型来产生每时每刻的语音参数（包括基频、共振峰频率等），然后把这些参数转化为波形。

优点：对数据的要求小。

缺点：质量比拼接法差。

（3）其他方法

谷歌 DeepMind 提出的 WaveNet 方法，它是基于深度学习的语音合成模型，不会对语音信号进行参数化，而是使用人工神经网络直接在时域预测合成语音波形的每一个采样点。

百度开发的 Deep Voice 3 是采用一种用于语义合成的全卷积架构，可以用于非常大规模的录音数据集。

Facebook 提出的 VoiceLoop 是开源语音合成人工神经网络模型，也是基于室外声音的语音合成技术，它能将文本转换为在室外采样的声音中的语音，且该人工神经网络架构比现有的其他人工神经网络架构简单。

5. 机器人语音交互技术

（1）概述

随着机器人越来越普及，人们也越来越需要以一种方便和直观的方式与机器人进行交互。对于许多现实世界的任务来说，使用自然语言交互更自然、直观。目前，自然语言交互技术已广泛应用于服务机器人和娱乐机器人，如图 10-7 所示为机器人语音交互实现过程。

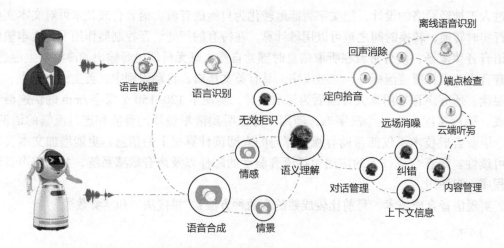

图 10-7　机器人语音交互实现过程

当人和机器人交互的时候，需要语音唤醒机器人，让机器人能够进行语音识别。在嘈杂的情况下，语音识别能够定向拾音，知道谁是"说话人"，并且实现远场消噪和回声消除。当语音转为文本的时候，机器人的"大脑"开始对文本进行理解，也就是语义理解。在这个过程中，包含了对话管理、纠错、内容管理、上下文信息。机器人开始作答时，人们希望回答是"有温度"的，这就涉及情感和情景，随即机器人会通过"嘴巴"，也就是语音合成来发出声音，完成人类和机器人的对话。

（2）机器人语音交互接口

本书以 Yanshee 人形机器人为例，介绍机器人语音交互接口的函数及其使用方法。

在 Yanshee 人形机器人中，与语音相关的 YanAPI 有 12 个，具体见表 10-1。

表 10-1　语音相关 YanAPI

序号	功能	函数名
1	停止语音识别服务	stop_voice_asr
2	获取语义理解工作状态	get_voice_asr_state
3	开始语义理解	start_voice_asr
4	执行语义理解并获取返回结果	sync_do_voice_asr
5	停止语音听写	stop_voice_iat
6	获取语音听写结果	get_voice_iat
7	开始语音听写	start_voice_iat
8	执行语义听写并获取返回结果	sync_do_voice_iat
9	停止语音播报任务	stop_voice_tts
10	获取指定或者当前工作状态	get_voice_tts_state
11	开始语音合成任务	start_voice_tts
12	执行语音合成并获取返回结果	sync_do_tts

1）语音听写函数。

① start_voice_iat。

函数功能：开始语音听写（当前语音听写处于工作状态而需要开启新的语音听写时，需要先停止当前的语音听写）。

语法格式：

```
start_voice_iat(timestamp:int=0)
```

参数说明：timestamp (integer)——时间戳，使用 UNIX 标准时间。

返回类型：dict，其说明如下所示。

```
{
    code:integer 返回码：0 表示正常
    data:{}
    msg:string 提示信息
}
```

② stop_voice_iat。

函数功能：停止语音听写。

语法格式：

```
stop_voice_iat()
```

返回类型：dict，其返回说明如下所示。

```
{
    code:integer 返回码：0 表示正常
    msg:string 提示信息
}
```

图 10-8 所示为运行 5 次后停止语音听写功能程序。

```
import time
import YanAPI as api
n=0
while True:
    if n<5:
        ret = api.start_voice_iat()
        print(ret)
        n+=1
        time.sleep(2)
    else:
        api.stop_voice_iat()
        print("已停止")
{'data': '{}', 'code': 0, 'msg': 'Success'}
{'data': '{}', 'code': 20001, 'msg': 'Resource is not availble.'}
{'data': '{}', 'code': 0, 'msg': 'Success'}
{'data': '{}', 'code': 0, 'msg': 'Success'}
{'data': '{}', 'code': 20001, 'msg': 'Resource is not availble.'}
已停止
```

图 10-8　运行 5 次后停止语音听写功能程序

③ get_voice_tts_state。

函数功能：获取指定任务或者当前工作状态（带时间戳为指定任务工作状态，如果无时间戳则表示当前工作状态）。

语法格式：

```
get_voice_tts_state(timestamp:int=None)
```

参数说明： timestamp (integer)——时间戳，使用 UNIX 标准时间。

返回类型：dict，其返回说明如下所示。

```
{
      code:integer  返回码：0 表示正常
      status:string 工作状态：idle——任务不存在，run——播放该段语音，
build——正在合成该段语音，wait——处于等待执行状态
      timestamp:integer 时间戳，UNIX 标准时间
      data:{}
      msg:string  提示信息
}
```

start_voice_iat、get_voice_iat 函数可搭配使用，如图 10-9 所示。

```
while True:
        res = api.start_voice_iat()
        ret = api.get_voice_iat()
        print(ret)
        print(res)
```

{'status': 'run', 'data': {}, 'code': 0, 'msg': 'Success', 'timestamp': 0}
{'data': '{}', 'code': 0, 'msg': 'Success'}
{'status': 'run', 'data': {}, 'code': 0, 'msg': 'Success', 'timestamp': 0}
{'data': '{}', 'code': 20001, 'msg': 'Resource is not availble.'}
{'status': 'run', 'data': {}, 'code': 0, 'msg': 'Success', 'timestamp': 0}
{'data': '{}', 'code': 0, 'msg': 'Success'}
{'status': 'run', 'data': {'text': {'ls': False, 'bg': 0, 'sn': 1, 'ed': 0, 'ws': [{'b
g': 0, 'cw': [{'sc': 0, 'w': 'Hello'}]}]}}, 'code': 0, 'msg': 'Success', 'timestamp':
0}

图 10-9　语音听写指令的使用

图 10-10 所示的结果是 get_voice_iat 指令的返回值，听写结果是返回值的字典 ['data']['text']['ws'][0]['cw'][0]['w'] 的值。

{'status': 'run', 'data': {}, 'code': 0, 'msg': 'Success', 'timestamp': 0}
{'data': '{}', 'code': 0, 'msg': 'Success'}
{'status': 'run', 'data': {'text': {'ls': False, 'bg': 0, 'sn': 1, 'ed': 0, 'ws': [{'b
g': 0, 'cw': [{'sc': 0, 'w': 'Hello'}]}]}}, 'code': 0, 'msg': 'Success', 'timestamp':
0}

图 10-10　语音听写程序结果

④ sync_do_voice_iat。

函数功能：执行语音听写并获得返回结果。

语法格式：

```
sync_do_voice_iat()
```

返回类型：dict，其返回说明如下所示。

```
{
        code:integer 返回码：0 表示正常
        status:string 执行状态：idle——非执行状态，run——正在运行
        timestamp:integer 时间戳，UNIX 标准时间
        data:
        {
                语音听写返回数据
        }
        msg:string 提示信息
}
```

单独调用 sync_do_voice_iat 函数完成语音听写，如图 10-11 所示。

```
import YanAPI as api
ret = api.sync_do_voice_iat()
print(ret)
```

```
{'status': 'idle', 'data': {'text': {'ls': False, 'bg': 0, 'sn': 1, 'ed': 0, 'ws': [{'bg': 0, 'cw': [{'sc': 0, 'w': '你好'}]}]}}, 'code': 0, 'msg': 'Success', 'timestamp': 1633603467}
```

```
import YanAPI as api
ret = api.sync_do_voice_iat()['data']['text']['ws'][0]['cw'][0]['w']
print(ret)
```

你好

图 10-11　单独调用语音听写程序及结果

2）语义理解函数。

① start_voice_asr。

函数功能：开始语义理解（当前语义理解处于工作状态而需要开启新的语义理解时，需要先停止当前的语义理解）。

语法格式：

```
start_voice_asr(continues=False,timestamp=0)
```

参数说明：

continues(bool)——是否进行连续语义识别，布尔值 True 是需要，False 是不需要，默认值是 False。

timestamp(integer)——时间戳，使用 UNIX 标准时间。

返回类型：dict，返回说明如下所示。

```
{
        code:integer 返回码：0 表示正常
        data:{}
        msg:string 提示信息
}
```

② stop_voice_asr。

函数功能：停止语音识别服务。

语法格式：

```
stop_voice_asr()
```

返回类型：dict，其返回说明如下所示。

```
{
    code:integer 返回码：0 表示正常
    msg:string 提示信息
}
```

③ get_voice_asr_state。

函数功能：获取语义理解工作状态。

语法格式：

```
get_voice_asr_state()
```

返回类型：dict，返回说明如下所示。

```
{
    code:integer 返回码：0 表示正常
    status:string 执行状态：idle——非执行状态，run——正在运行
    timestamp:integer 时间戳,UNIX 标准时间
    data:{}
    msg:string 提示信息
}
```

start_voice_asr、get_voice_asr 函数可搭配使用。搭配使用时，需注意当 get_voice_asr 函数处于"run"状态时，无法获取语义理解结果，需等语义理解执行完毕处于"idle"状态时，获取语义理解结果。

如图 10-12 所示，运行程序，对机器人说："你好。"机器人回复："你好朋友！愿我们相处愉快！"

```
import YanAPI as api

while True:
    api.start_voice_asr()
    ret = api.get_voice_asr_state()
    if ret['status']=='idle':
        print(ret)
        break
```

{'data': {'intent': {'uuid': 'cida15f64db@dx000b14ba30c50100d5', 'text': '你好', 'operation': 'ANSWER', 'no_nlu_result': 0, 'answer': {'text': '你好朋友！愿我们相处愉快！', 'answerType': 'iFlytekGenericQA', 'emotion': 'default', 'question': {'question_ws': '你好/VI//', 'question': '你好'}, 'topicID': 'NULL', 'type': 'T'}, 'sid': 'cida15f64db@dx000b14ba30c50100d5', 'serviceCategory': 'iFlytekGenericQA', 'serviceName': 'iFlytekQA', 'serviceType': 'preventive', 'rc': 0, 'voice_answer': [{'content': '你好朋友！愿我们相处愉快！', 'type': 'TTS'}], 'service': 'iFlytekQA'}}, 'timestamp': 0, 'msg': 'Success', 'status': 'idle', 'code': 0}

图 10-12   语义程序及结果

④ sync_do_voice_asr。

函数功能：执行语义理解并获得返回结果。

语法格式：

```
sync_do_voice_asr()
```

返回类型：dict，返回说明如下所示。

```
{
    code:integer 返回码：0 表示正常
    status:string 执行状态：idle——非执行状态，run——正在运行
    timestamp:integer 时间戳，UNIX 标准时间
    data:{}
    msg:string 提示信息
}
```

如图 10-13 所示，单独调用 sync_do_voice_asr 函数完成语义理解，对机器人说："你好。"机器人回复："你好，又见面了真开心。"

```
import YanAPI as api
ret = api.sync_do_voice_asr()['data']['intent']
print(ret)
```

{'uuid': 'cida17387fd@dx000b14ba1958010005', 'text': '你好', 'operation': 'ANSWER', 'no_nlu_result': 0, 'answer': {'text': '你好，又见面了真开心。', 'answerType': 'iFlytekGenericQA', 'emotion': 'default', 'question': {'question_ws': '你好/VI//', 'question': '你好'}, 'topicID': 'NULL', 'type': 'T'}, 'sid': 'cida17387fd@dx000b14ba1958010005', 'serviceCategory': 'iFlytekGenericQA', 'serviceName': 'iFlytekQA', 'serviceType': 'preventive', 'rc': 0, 'voice_answer': [{'content': '你好，又见面了真开心。', 'type': 'TTS'}], 'service': 'iFlytekQA'}

图 10-13　单独调用语义程序及结果

3）语音合成函数。

① start_voice_tts。

函数功能：开始语音合成任务（当语音合成处于工作状态时可以接受新的语音合成任务）。

语法格式：

```
start_voice_tts(tts:str='',interrupt:bool=True,timestamp:int=0)
```

参数说明：

tts (str)——待合成的文字。

interrupt (bool) ——是否可以被打断，True 是可以被打断，False 是不可以被打断，默认是 True。

timestamp (int) ——时间戳，使用 UNIX 标准时间。

返回类型：dict，返回说明如下所示。

```
{
    code:integer 返回码：0 表示正常
    data:{}
```

```
        msg:string 提示信息
   }
```

② stop_voice_tts。

函数功能：停止语音播报任务。

语法格式：

```
stop_voice_tts()
```

返回类型：dict，返回说明如下所示。

```
   {
        code:integer 返回码：0 表示正常
        data:{}
        msg:string 提示信息
   }
```

③ get_voice_tts_state。

函数功能：获取指定或者当前工作状态（带时间戳为指定任务工作状态，如果无时间戳则表示当前工作状态）。

语法格式：

```
get_voice_tts_state(timestamp:int=None)
```

参数说明： timestamp (integer)——时间戳，使用 UNIX 标准时间。

返回类型：dict，返回说明如下所示。

```
   {
        code:integer 返回码：0 表示正常
        status:string 工作状态：idle——任务不存在，run——播放该段语音，
build——正在合成该段语音，wait——处于等待执行状态
        timestamp:integer 时间戳，UNIX 标准时间
        data:{}
        msg:string 提示信息
   }
```

④ sync_do_tts。

函数功能：执行语音合成任务，合成完成后返回结果。

语法格式：

```
sync_do_tts(tts:str='', interrupt:bool=True)
```

参数说明：

tts (str)——待合成的文字。

interrupt (bool)——是否可以被打断，True 是可以被打断，False 是不可以被打断，默认是 True。

返回类型：dict，返回说明如下所示。

```
{
    code: integer 返回码：0表示正常
    status: string 工作状态：idle——任务不存在，run——播放该段语音，
build——正在合成该段语音，wait——处于等待执行状态
    timestamp: integer 时间戳，UNIX标准时间
    data:{}
    msg:string 提示信息
}
```

下列程序调用 sync_do_tts 函数，可实现机器人语音播报："我是机器人。"

```
import YanAPI
YanAPI.sync_do_tts("我是机器人")
```

任务实施

所需设施/设备：Yanshee 人形机器人 1 台、平板计算机或者安卓手机 1 部、显示器 2 台、无线路由器 1 台（自动分配地址）、蓝牙键盘鼠标 1 套。

任务 10.1 机器人语音转文本

本任务的目的是调用 YanAPI 使机器人实现语音转文本，即机器人能执行一次语音听写任务并返回结果。具体操作步骤如下：

1）机器人接入网络。

2）进入机器人的树莓派系统，打开 JupyterLab 软件。

3）导入机器人头文件。

```
import YanAPI
```

4）设置需要控制的机器人 IP 地址。

```
ip_addr="127.0.0.1"#please change to your yanshee robot IP
YanAPI.yan_api_init(ip_addr)
```

5）调用语音转文本函数。

```
res=YanAPI.sync_do_voice_iat()
```

6）输出听写结果。

```
print(res)
```

7）运行程序。

运行程序后，机器人会发出"嘟"的提示音，胸前的灯会呈绿色闪烁，此时对机器人说："今天星期几？"可看到机器人系统终端返回结果如下：

```
{'timestamp':1638436088,'code':0,'msg':'Success','data':{'text':{'ws':[{'bg':0,'cw':[{'sc':0,'w':'今天'}]},
{'bg':0,'cw':[{'sc':0,'w':'星期'}]},{'bg':0,'cw':[{'sc':0,'w':'几'}]}],'sn':1,'bg':0,'ls':False,'ed':0}},'status':'idle'}
```

从以上结果可以看到，返回的是一串 JSON 字符串，而不是一句完整的话。用户可以通过在这段程序后面增加解析代码，从而实现对语音的解析，完成语音到文本的转换。

具体代码如下：

```
import YanAPI                              # 导入机器人头文件
ip_addr="127.0.0.1"                        # 设置需要控制的机器人 IP 地址
YanAPI.yan_api_init(ip_addr)               # 初始化 SDK
res=YanAPI.sync_do_voice_iat()             # 调用语音转文本服务

#print(res)                                # 不再需要输出转换的中间结果

if len(res["data"])>0:                     # 判断结果长度
    print("\n 刚刚听到的内容为: ")
    words=res["data"]["text"]['ws']        # 提取识别的问题文字
    result=""
    for word in words:
        result+=word['cw'][0]['w']         # 连接成为字符串
    print (result)                         # 输出最后结果
else:
    print("\n 没有听到说话")                # 若长度是 0，说明未听到问题
```

执行之后的输出：

刚刚听到的内容为：今天星期几

至此，从语音到文字的转变已经成功。

任务 10.2　机器人语义理解

本任务以询问机器人："今天天气如何？"为例，看看机器人将会如何回应。具体操作步骤以及参考代码如下：

```
import YanAPI                              # 导入机器人头文件
ip_addr="127.0.0.1"                        # 设置需要控制的机器人 IP 地址
YanAPI.yan_api_init(ip_addr)               # 初始化 SDK
res=YanAPI.sync_do_voice_asr()             # 执行一次语义理解并返回结果
print(res)                                 # 输出结果
```

程序运行结果：

```
{'data':{'intent':{'semantic':[{'slots':[{'value':'今天','name':'datetime','norm
Value':
    // 注意：为了查看方便，省略了这当中的若干行
    :'DataValid'}},'status':'idle','msg':'Success','timestamp':1616942839,'co
de':0}
```

从上面的结果可以看出，机器人通过 GPS 定位，上网查询定位地点的一星期的完整天气预报信息，并返回上面的完整结果。

但如此长的数据还需要进一步的解析才能得到用户真正想要的数据。下面让机器人在完成自然语言处理之后，将结果解析并输出。参考代码如下：

```
import YanAPI                             # 导入机器人头文件
ip_addr="127.0.0.1"                        # 设置需要控制的机器人 IP 地址
YanAPI.yan_api_init(ip_addr)               # 初始化 SDK
res=YanAPI.sync_do_voice_asr()             # 执行一次语义理解并返回结果
#print(res)                                # 不再需要将中间结果输出出来

if len(res["data"]) > 0:
    print("\n 回复内容为: ")
    print(res["data"]['intent']['answer']['text'])
else :
    print("\n 没有听到说话")
```

程序运行结果（设定位在深圳）：

```
回复内容为：深圳市今天全天多云，气温20℃ ~ 27℃，空气质量优，有北风微风，气候温暖。
```

任务 10.3　机器人文本转语音

本任务通过编写 Python 语言程序，完成指定字符串的语音播放。具体操作步骤及参考代码如下：

```
import YanAPI                             # 导入机器人头文件
import time
ip_addr="127.0.0.1"                        # 设置需要控制的机器人 IP 地址
YanAPI.yan_api_init(ip_addr)               # 初始化 SDK

res=YanAPI.start_voice_tts("你好，我是智能教育机器人",False)
print(res)
time.sleep(1)
res=YanAPI.start_voice_tts("我们一起来学习人工智能吧",True)
```

任务 10.4   与机器人实现对话

本任务先通过调用机器人 API，完成一次与机器人的对话；在这个基础上再实现与机器人连续对话。

（1）与机器人完成一次对话

具体操作步骤及参考代码如下：

```
import YanAPI
ip_addr="127.0.0.1"
YanAPI.yan_api_init(ip_addr)
res=YanAPI.sync_do_voice_asr_value()
print(res["answer"])
res=res["answer"]
res=YanAPI.start_voice_tts(res)
print(res['msg'])
```

在机器人发出识别的提示音之后，问："明天天气如何？"

运行结果（设定位在深圳）：

```
深圳市明天全天多云，气温24℃~29℃，空气质量优，有南风3-4级，有点热。
Success
```

（2）与机器人的连续对话

通过 API 的调用，完成与机器人的连续对话，对话以机器人听到"再见"指令结束。具体操作步骤及参考代码如下：

```
# 实现对话
import YanAPI
ip_addr="127.0.0.1"
YanAPI.yan_api_init(ip_addr)
while True:
    res=YanAPI.sync_do_voice_asr_value()
    if res["question"]=="再见":
        break;
    res=res["answer"]
    res=YanAPI.sync_do_tts(res)
    print(res['msg'])
print("再见！")
```

其中 YanAPI.sync_do_voice_asr_value( ) 的返回值中的"question"就是人每次对话给计算机说的话，如果人说的是"再见"，就跳出循环。

任务评价

班级		姓名		学号		日期	
自我评价	1. 能说明机器人语音技术的概念和应用					□是　　□否	
	2. 能阐述语音识别、自然语言处理、语音合成的基本原理					□是　　□否	
	3. 能够调用机器人的 API 函数分别实现语音识别、语义理解、语音合成的功能					□是　　□否	
	4. 能综合运用机器人的 API 函数，实现机器人的连续对话功能					□是　　□否	
	5. 在完成任务时遇到了哪些问题？是如何解决的						
	6. 是否能独立完成工作页的填写					□是　　□否	
	7. 是否能按时上、下课，着装规范					□是　　□否	
	8. 学习效果自评等级					□优　□良　□中　□差	
	9. 总结与反思						
小组评价	1. 在小组讨论中能积极发言					□优　□良　□中　□差	
	2. 能积极配合小组完成工作任务					□优　□良　□中　□差	
	3. 在查找资料信息中的表现					□优　□良　□中　□差	
	4. 能够清晰表达自己的观点					□优　□良　□中　□差	
	5. 安全意识与规范意识					□优　□良　□中　□差	
	6. 遵守课堂纪律					□优　□良　□中　□差	
	7. 积极参与汇报展示					□优　□良　□中　□差	
教师评价	综合评价等级： 评语： 　　　　　　　　　　　　　　　　　　　教师签名：　　　　日期：						

任务拓展

　　将机器人对话功能设定为只能回答 5 个问题，当询问超过 5 次以后，再次询问机器人时，机器人用语音回复："你已经问过 5 个问题了。"

项目小结

　　通过本项目的学习，可以了解机器人语音技术相关的语音识别、自然语言处理、语音合成等重要技术，并通过 API 的调用，实现机器人的连续对话功能。

11

项目十一
让服务机器人感知世界

【项目导入】

　　当你走过装有声控灯的走廊时，随着脚步看到一个个亮起的灯时你是否会有疑问，它们究竟是怎么实现的呢？答案就是传感器，一种能感受到被测量信息的检测装置，并能将感受到的信息按一定规律变换成为电信号或其他所需形式的信息输出，以满足信息的传输、处理、存储、显示、记录和控制等要求，传感器也是让机器人更像一个人的关键部件。传感器相当于机器人的触觉、听觉、视觉甚至嗅觉、味觉等，通过多种传感器能够让机器人实现与外部环境的交互。传感器在服务机器人中的应用如图 11-1 所示。

　　本项目将介绍机器人常用传感器以及它们的基本概念、工作原理和应用方法，探索传感器的奥秘。

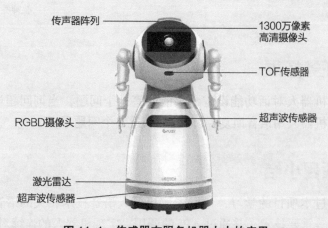

图 11-1　传感器在服务机器人中的应用

项目任务

1）使用触摸传感器与服务机器人进行触摸交流。
2）应用陀螺仪使服务机器人自动进行摔倒爬起。

学习目标

1. 知识目标

1）了解传感器的概念、组成及分类。
2）了解机器人常用传感器的工作原理及应用。
3）掌握传感器在人形机器人中的应用方法。
4）掌握机器人传感器数据的读取方法。

2. 能力目标

1）能根据各传感器特点正确辨认传感器并能正确安装。
2）能够读取机器人传感器数据信息。
3）能使用不同传感器实现服务机器人在不同场景的应用。

知识链接

1. 传感器的概念、组成及分类

（1）传感器的概念

传感器是一种检测装置，能将感受到的被测量按一定规律变换成为电信号或其他所需形式的信号输出，以满足信息的传输、处理、存储、显示、记录和控制等要求。生活中常见的传感器应用如图 11-2 所示。

图 11-2　生活中常见的传感器应用场景

（2）传感器的组成

传感器一般由敏感元件、转换元件和变换电路三部分组成，有时还加上辅助电源，其结构如图 11-3 所示。敏感元件是直接感受被测量，并输出与被测量成确定关系的某一物理量的元件。转换元件是传感器的核心元件，以敏感元件的输出为输入，把感知的非电量转换为电信号输出。转换元件本身可以作为独立传感器使用，故也叫作元件传感器。变换电路是指把传感元件输出的电信号转换成便于处理、控制、记录和显示的有用电信号所涉及的有关电路。

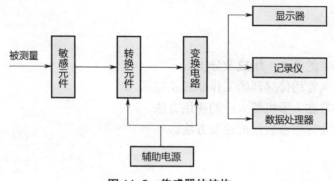

图 11-3   传感器的结构

（3）传感器的分类

传感器的分类方法有很多，一般按被测量和工作原理来划分。

1）按被测量划分。这种分类方法是根据被测量的性质进行分类，如被测量分别为温度、湿度、压力、位移、流量、加速度、光，则对应的传感器分别为温度传感器、湿度传感器，压力传感器、位移传感器、流量传感器、加速度传感器、光电传感器。常见的其他被测量还有力矩、质量、浓度、颜色等，其相应的传感器一般以被测量命名。这种分类方法的优点是能比较明确地表达传感器的用途，为使用者提供了方便，可方便地根据测量对象选择所需要的传感器；其缺点是没有区分每种传感器在转换机理上有什么共性和差异，不便于使用者掌握其基本原理及分析方法。

2）按工作原理划分。这种分类方法是根据传感器工作原理来划分，将物理、化学、生物等学科的原理、规律和效应作为分类的依据，可将传感器分为电阻式、电感式、电容式、阻抗式、磁电式、热电式、压电式、光电式、超声波式、微波式等类别。这种分类方法有利于传感器的使用者和专业工作者从原理和设计上做深入分析研究。

2. 机器人传感器

机器人传感器是一种能把机器人目标特性（或参量）转换为电量的输出装置，机器人通过传感器可实现类人的感知功能。根据传感器在机器人本体的位置不同，一般将机器人传感器分为内部传感器和外部传感器两大类。

（1）内部传感器

内部传感器一般用于测量机器人的内部参数，其主要作用是对于机器人的运动学和力学的相关参数进行测量，让机器人按设置的位置、速度和轨迹进行工作。内部传感器包括位置传感器、速度传感器、加速度传感器以及角速度传感器等，常用于服务机器人的内部传感器具体名称见表 11-1。

表 11-1　常用于服务机器人的内部传感器

序号	内部传感器名称	功能	涉及的机器人参数
1	电位器	得到电动机的转动位置	位置
2	编码器	将位置与角度转换为数字	位置、角度
3	GPS 模块	全球定位	获取机器人的位置
4	陀螺仪	速度、加速度	角速度、角加速度

这里重点介绍陀螺仪在服务机器人中的应用。

陀螺仪（Gyroscope）是一种用来感测与维持方向的装置，它是基于角动量守恒的理论设计出来的，用于测量偏转、倾斜时的转动角速度。图 11-4 所示为陀螺仪外形。在一些对角度要求不高的场合，要得到角度，只用加速度计就可以了，比如做一个自平衡小车，可是要得到一个更加精确的角度，就需要用到陀螺仪了，比如四旋翼飞行器。

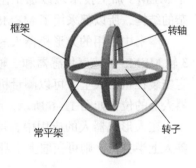

图 11-4　陀螺仪外形

陀螺仪的基本部件包括转子、转轴、框架、常平架等，用绳子缠绕在转轴上，用力一拉，陀螺仪便能快速旋转起来，而且能旋转很久。

陀螺仪应用广泛，常见的应用有以下这些：

1）动作感应的 GUI：通过小幅度的倾斜、偏转手机，实现菜单、目录的选择和操作的执行。（例如前后倾斜手机，实现通讯录条目的上下滚动；左右倾斜手机，实现浏览页面的左右移动或者页面的放大或缩小）。

2）计算行走步数：手环、手机或者智能手表会用陀螺仪计算每天行走的步数。

3）拍照时的图像稳定，防止手的抖动对拍照质量的影响。在按下快门时，相机会记录手的抖动动作，将手的抖动反馈给图像处理器，可以抓到更清晰稳定的图片。

4）GPS 的惯性导航：当汽车行驶到隧道或城市高大建筑物附近，没有 GPS 信号时，可以通过陀螺仪来测量汽车的偏航或直线运动位移，从而继续导航。

5）通过动作感应控制游戏：开发者可以通过陀螺仪对动作检测的结果（3D 范围内手机的动作）实现对游戏的操作。比如，把你的手机当作一个方向盘，你的手机屏幕上是一架飞行中的飞机，只要你上下、左右地倾斜手机，飞机就可以做上下、左右的相应动作。这些倾斜都需要通过陀螺仪来感知，为了测量更加准确可能同时还会使用加速度计对数据进行融合。

随着微机电系统的兴起和微机械加工技术的提高，MEMS 陀螺仪日益引起人们的关注。MEMS 陀螺仪是一种特殊的振动加速度传感器，专门测量哥氏加速度，MEMS 陀螺仪基本原理如图 11-5 所示。

一个最基本的振动陀螺仪包括一个处于悬浮状态的检测质量块，可以在两个正交方向上移动。这个质量块必须运动才能产生哥氏加速度。这样，质量块就会在一个平行于表面的方向（图 11-5 所示的左右方向）上振动。如果陀螺仪绕垂直于表面方向的轴转动，那么哥氏加速度会导致质量块沿另一个方向（图 11-5 所示的上下方向）偏转。其中振动的振幅与旋转的角速度成正比，所以几乎和加速度传感器一样的电容式传感器就得到了一个和角速度成比例的电压值。由于 MEMS 加工技术难以加工出高速转子这样复杂的结构，所以都采用了 MEMS 可加工的振子结构。

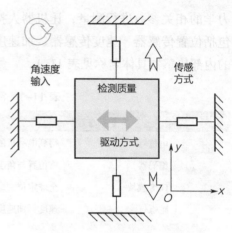

图 11-5　MEMS 陀螺仪基本原理

本书中所用的人形机器人的陀螺仪型号为 MPU9250，它集成了 3 轴 MEMS 陀螺仪，3 轴 MEMS 加速度传感器和 3 轴 MEMS 磁力传感器。陀螺仪是一种运动姿态传感器，固定安装在机器人上，可以测量机器人运动过程中旋转的角度。MPU9250 陀螺仪在人形机器人上的位置如图 11-6 所示，图 11-7 所示为 MPU9250 陀螺仪的 x、y、z 轴示意图。

在人形机器人的应用中，可以将它放置在需要获取姿态信息的地方，例如放置在机器人上半身内，则可获取上半身的姿态数据用于动态调节机器人的重心以防止摔倒。

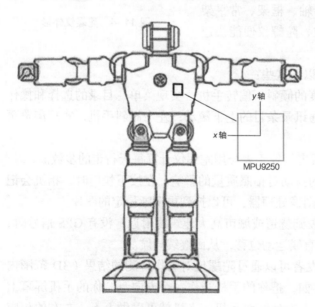

图 11-6　MPU9250 陀螺仪在人形机器人上的位置

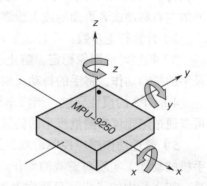

图 11-7　MPU9250 陀螺仪的坐标系

（2）外部传感器

机器人的外部传感器相当于人的感觉器官，通常用于测量机器人所处的外部环境参数，实现机器人与外界环境的交互。例如，接近传感器能感受外界物体，可将其正对面物体的距离反馈给机器人。常用于服务机器人的外部传感器见表 11-2。

表 11-2　常用于服务机器人的外部传感器

| 序号 | 外部传感器 | | 结构、功能及应用场景 |
	类型	名称	
1		接触传感器	按钮、微动开关、触摸传感器
2		压力传感器	电阻式、电容式、电感式
3	触觉	滑动传感器	无方向性、单方向性和全方向性
4		拉伸传感器	测量手指拉伸、弯曲
5		温湿度传感器	测量温度及湿度
6	接近觉	接近传感器	红外传感器、超声波传感器、光敏电阻式传感器、编码器、激光测距传感器
7	嗅觉	仿生嗅觉传感器	烟雾传感器、乙醇传感器
8	听觉	传声器	电容式、动圈式及铝带式
9		传声器阵列	传声器阵列
10	视觉	普通图像传感器	CCD、CMOS
11		智能图像传感器	双目相机、微软 Kinect 体感设备、激光雷达

这里重点介绍触觉传感器和接近传感器在服务机器人中的应用。

1）触觉传感器。机器人的触觉，实际上是对人的触觉的模仿，它是有关机器人和被接触对象之间直接接触的感觉。触觉传感器有接触传感器、压力传感器、滑动传感器等类型。机器人的触觉功能包含以下内容：

①检测功能，即对操作物进行物理性质的检测，如表面光洁度、硬度等。其目的是感知危险状态，实施自我保护；另外还有灵活地控制手指及关节，使操作具有适应性和顺从性。

②识别功能，即识别被接触物体的形状（如识别接触到的表面形状）。人的触觉是通过四肢和皮肤对外界物体的一种物性感知。为了感知被接触物体的特性及传感器接触物体后自身的状况，例如是否握牢被接触物体以及被接触物体在传感器的什么部位。常使用的接触传感器有机械式（如微动开关）接触传感器、针式差动变压器，含碳海绵及导电橡胶等几种，当接触力作用时，这些传感器以通断方式输出高、低电平，实现传感器对接触物体的感知。

下面以压力传感器、温湿度传感器以及触摸传感器为例介绍接触觉传感器工作原理。

①压力传感器。压力传感器是一种能感受压力信号，并能按照一定的规律将压力信号转换成可用输出电信号的器件或装置。压力传感器是使用最为广泛的一种传感器，传统的压力传感器以机械结构为主，以弹性元件的形变指示压力，但这种结构尺寸大、质量大，不能提供电学输出。随着半导体技术的发展，半导体压力传感器也应运而生，图 11-8 所示为常用压力传感器外形。

②温湿度传感器。温湿度传感器是一种装有湿敏和热敏元件，能够用来测量温度和湿度的传感器装置，有的带有现场显示，有的不带现场显示。温湿度传感器由于体积小、性能稳定等特点，被广泛应用在生产生活的各个领域。

温湿度传感器能将机器人外部的温度、湿度实时反映给机器人系统进行判断处理，可以让机器人了解其所在环境的温湿度是否合适，从而避免机器人的机械部件、电子元器件部分失灵或者受损。图 11-9 所示为一款内置校准数字输出的温湿度一体化传感器模块，它采用了专用的数字模块采集技术和温湿度传感技术，确保产品具有极高的可靠性和稳定性。

图 11-8　常用压力传感器外形

图 11-9　温湿度一体化传感器模块

③触摸传感器。触摸传感器本质上是电容式传感器，电容式传感器是以各种类型的电容器作为传感元件，将被测物理量或机械量转换成电容量变化的一种转换装置，实际上就是一个具有可变参数的电容器。图 11-10 所示是一款电容式触摸传感器模块，这类传感器通常具有比较复杂的电子电路。

电容式触摸传感器模块是一款基于电容感应的触摸开关，由于人体存在电场，当人体直接触碰到传感器上的螺旋状金属丝时，人体手指和螺旋状工作面之间会形成一个耦合电容，从而被感应到。

图 11-10　电容式触摸传感器模块

2）接近传感器。接近传感器是机器人用以探测自身与周围物体之间相对位置和距离的传感器，它能感知几十毫米至几十米的距离。接近传感器的使用对机器人工作过程中适时进行轨迹规划与防止事故发生具有重要意义，它们主要起到以下作用：

①在接触对象物体前得到必要的信息，为后面的动作做准备。

②发现障碍物时，改变路径或停止，以免发生碰撞。

常用的接近传感器有红外传感器、超声波传感器、光敏电阻式传感器、编码器、激光测距传感器等类型。下面以红外传感器为例介绍接近传感器的工作原理。

红外传感器是指利用红外线的物理性质来进行测量的传感器。红外线具有反射、折射、散射、干涉、吸收等性质。任何物质，只要它本身具有一定的温度（高于绝对零度），都能辐射红外线。红外传感器测量时不与被测物体直接接触，因而不存在摩擦，并且有灵敏度高，反应快等优点。图 11-11 所示为常见的红外传感器外形。

图 11-12 所示为红外测距传感器原理图。红外测距传感器利用红外信号遇到障碍物距离的不同，反射强度也不同的原理，进行障碍物远近的检测。红外测距传感器具有一对红外信号发射与接收二极管，当发射管发射特定频率的红外信号，遇到障碍物时，红外信号反射回来被接收管接收，经过处理之后，通过数字传感器接口返回到中央处理器，中央处理器即可利用返回信号来识别周围环境的变化。

图 11-11　常见的红外传感器

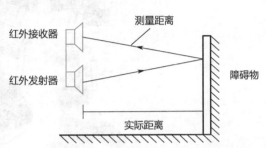

图 11-12　红外测距传感器原理图

3. 传感器在机器人中的应用

本书以 Yanshee 人形机器人为例，介绍常见传感器在服务机器人中的应用。

（1）认识机器人传感器配件包

机器人配套的传感器按照安装位置可分为两大类：外接传感器和内置传感器。

1）外接传感器。机器人外接传感器主要有：温湿度传感器（见图 11-13 中标号①所示）、红外传感器（见图 11-13 中标号②所示）、压力传感器（见图 11-13 中标号③所示）、触摸传感器（见图 11-13 中标号④所示）。

2）内置传感器。机器人内置传感器主要有陀螺仪和主板温度检测传感器等。

（2）安装外接传感器

a）侧面图　　　b）正面图

图 11-13　机器人配套传感器包

机器人的传感器包，包括红外 / 温湿度 / 压力 / 触摸传感器，都是独立于机器人本体存在。想要正确使用外接传感器，需要将其连接到机器人本体的磁吸式开放接口上，Yanshee 人形机器人上有 6 个磁吸式 POGO 4PIN 开放接口，支持多种外接传感器拓展。磁吸式开放接口除了位置之外没有功能区别，只需要分清磁铁的 N、S 极，能实现吸附即为安装正确。Yanshee 人形机器人的 6 个接口位置如图 11-14 所示。

图 11-14　磁吸式开放接口位置示意图

（3）传感器数据的读取方法

使用磁吸式开放接口连接外接传感器时，对位置没有特别要求，是因为可以通过调用 YanAPI 来读取外接传感器的数据，跟传感器数据读取有关的 YanAPI 见表 11-3。下面将介绍四个外接传感器（红外传感器、温湿度传感器、触摸传感器和压力传感器）和内置传感器（陀螺仪）数据读取的方法。

表 11-3　跟传感器数据读取有关的 YanAPI

	功能	函数名
传感器列表	获取传感器的列表	get_sensors_list
	获取传感器的列表 - 简化返回值	get_sensors_list_value
红外传感器	获取红外距离传感器值	get_sensors_infrared
	获取红外传感器值 - 简化返回值	get_sensors_infrared_value
温湿度传感器	获取温湿度传感器值	get_sensors_environment
	获取温湿度传感器值 - 简化返回值	get_sensors_environment_value
触摸传感器	获取触摸传感器值	get_sensors_touch
	获取触摸传感器值 - 简化返回值	get_sensors_touch_value
压力传感器	获取压力传感器值	get_sensors_pressure
	获取压力传感器值 - 简化返回值	get_sensors_pressure_value
陀螺仪传感器	获取九轴陀螺仪运动传感器值	get_sensors_gyro

1）传感器列表数据获取方法。YanAPI 中用于获取传感器列表数据的接口函数有 get_sensors_list 和 get_sensors_list_value。

① get_sensors_list。

函数功能：获取机器人目前已经连接的传感器列表信息，包括函数名称、版本号等。

语法格式：get_sensors_list()

返回类型：dict，其返回说明如下。

```
{
"code":0,
"data":
     {sensors:
        [
           {
              "data":传感器名称,
              "id":传感器地址 1-127,
              "version": integer (int32)传感器版本号
           }
        ]
     },
  "msg": "Success"
}
```

② get_sensors_list_value。

函数功能：获取机器人目前已经连接的传感器函数列表 – 简化返回值。

语法格式：get_sensors_list_value()

返回类型：list。

返回说明：传感器名称的列表中，gyro——陀螺仪，infrared——红外，ultrasonic——超声波，environment——环境，touch——触摸，pressure——压力。

2）红外传感器数据读取方法。YanAPI 中用于读取红外传感器数据的接口函数有 get_sensors_infrared 和 get_sensors_infrared_value。

① get_sensors_infrared。

函数功能：获取红外距离传感器值。

语法格式：get_sensors_infrared(id: List[int] = None, slot: List[int] = None)

参数说明：

id(List[int]) 为传感器的 ID，可不填。

slot(List[int]) 为传感器槽位号，可不填。

返回类型：dict，其返回说明如下。

```
{
    code:integer 返回码，0表示正常
    data:
       {
```

```
infrared:
        [
            {
                id: integer  传感器ID值，取值：1~127
                slot: integer  传感器槽位号，取值：1~6
                value: integer  距离值，单位为毫米（mm）
            }
        ]
    }
    msg:string  提示信息
}
```

图 11-15 所示为读取红外传感器数据的基础程序；图 11-16 所示为读取红外传感器数据的结果。

图 11-15　读取红外传感器数据的基础程序

图 11-16　读取红外传感器数据的结果

② get_sensors_infrared_value。

函数功能：获取红外距离传感器值 - 简化返回值。

语法格式：get_sensors_infrared_value()

返回类型：int。

返回说明：距离值，单位为毫米（mm）。

图 11-17 所示为读取红外传感器数据的基础程序；图 11- 18 所示为读取红外传感器数据的结果。

图 11-17　读取红外传感器数据的基础程序

图 11-18　读取红外传感器数据的结果

如图 11-19 所示的程序，当人手靠近距离小于 20cm 时，机器人后退后蹲下；靠近距离大于 20cm 时，机器人站立并向前走跟随；靠近距离大于 30cm 时，机器人停止跟随做出挥手告别动作。程序执行结果如图 11-20 所示，机器人实现程序的状态如图 11-21 所示。

```
#!/usr/bin/env
# coding=utf-8

import YanAPI
import time

当手靠近小于 20cm 时机器人后退后蹲下，当大于 20cm 时，机器人站立并向前走跟随，当大于 30cm 时机器人停止跟随做出挥手告别动作。
请根据前面的实验自行编写 python 程序。

while True:
    infrared = YanAPI.get_sensors_infrared_value()
    print("Read Sensor Value: %d mm" % infrared)
    if infrared <= 200:
        YanAPI.sync_play_motion("walk", "backward", "normal", 1)
        YanAPI.sync_play_motion("crouch", "", "normal", 1)
        YanAPI.sync_play_motion("reset")
        time.sleep(1)
    elif infrared > 200 and infrared <= 300:
        YanAPI.sync_play_motion("walk", "forward", "normal", 1)
        YanAPI.sync_play_motion("reset")
        time.sleep(1)
    elif infrared > 300:
        YanAPI.sync_play_motion("wave", "right", "normal", 1)
        YanAPI.sync_play_motion("reset")
        time.sleep(1)
        break
```

图 11-19 程序

```
pi@raspberrypi:~/Desktop $ python3 assignment_get_sensors_infrared_value.py
Read Sensor Value: 150 mm
Read Sensor Value: 250 mm
Read Sensor Value: 270 mm
```

图 11-20 程序执行结果　　　　　　　**图 11-21 机器人实现程序的状态图**

3）温湿度传感器数据读取方法。YanAPI 中用于读取温湿度传感器数据的接口函数有 get_sensors_environment 和 get_sensors_environment_value。

① get_sensors_environment。

函数功能：获取温湿度环境传感器值（使用此接口前，请先调用 sensors/list 接口来查看相应的传感器是否被检测到）。

语法格式：get_sensors_environment()

返回类型：dict，其返回说明如下。

```
{
    code: integer 返回码, 0 表示正常
    data:
        {
            environment:[
                {
                    id: integer 传感器 ID 值, 取值: 1~127
                    slot:integer 传感器槽位号, 取值: 1~6
                    temperature:integer 温度值
                    humidity: integer 湿度值
                    pressure: integer 大气压力
                }
            ]
        }
    msg:string 提示信息
}
```

图 11-22 所示为读取温湿度传感器数据的基础程序；图 11-23 所示为读取温湿度传感器数据的结果。

```
1   #!/usr/bin/env
2   # coding=utf-8
3
4   import YanAPI
5
6   env = YanAPI.get_sensors_environment()
7   id = env['data']['environment'][0]['id']
8   slot = env['data']['environment'][0]['slot']
9   temperature = env['data']['environment'][0]['temperature']
10  humidity = env['data']['environment'][0]['humidity']
11  pressure = env['data']['environment'][0]['pressure']
12
13  print("Read Sensor id %d " % id)
14  print("Read Sensor slot %d " % slot)
15  print("Read Sensor temperature %d " % temperature)
16  print("Read Sensor humidity %d " % humidity)
17  print("Read Sensor pressure %d " % pressure)
18
19
```

图 11-22   读取温湿度传感器数据的基础程序

```
pi@raspberrypi: /Desktop/env $ python3 get_sensors_environment.py
Read Sensor id 59
Read Sensor slot 4
Read Sensor temperature 28
Read Sensor humidity 42
Read Sensor pressure 1005
```

图 11-23   读取温湿度传感器数据的结果

② get_sensors_environment_value。

函数功能：获取温湿度传感器值 - 简化返回值。

语法格式：get_sensors_environment_value()

返回类型：dict，其返回说明如下。

```
{
    id:integer 传感器 ID 值，取值：1~127
    slot:integer 传感器槽位号，取值：1~6
    temperature:integer 温度值
    humidity:integer 湿度值
    pressure:integer 大气压力
}
```

图 11-24 所示为读取温湿度传感器数据的基础程序。

图 11-25 所示为读取环境传感器数据的结果。

```
1   #!/usr/bin/env
2   # coding=utf-8
3
4   import YanAPI
5
6   env = YanAPI.get_sensors_environment_value()
7   env = env['temperature']
8   print("Read Sensor Value %d ℃" % env)
9
```

图 11-24   读取温湿度传感器数据的基础程序

```
pi@raspberrypi: /Desktop $ python3 get_sensors_environment_value.py
Read Sensor Value 28 ℃
```

图 11-25   读取环境传感器数据的结果

图 11-26 所示为温湿度传感器数据读取程序，程序执行结果如图 11- 27 所示。

```
1  #!/usr/bin/env
2  # coding=utf-8
3
4  import YanAPI
5
6  # 温湿度：当温度高于 20℃的时候提醒穿短袖，当温度低于 10℃的时候建议穿厚外套。
7  env = YanAPI.get_sensors_environment_value()
8  env = env['temperature']
9  print("Read Sensor Value %d ℃" % env)
10 if env > 20:
11     YanAPI.sync_do_tts("温度高于20摄氏度，建议穿短袖")
12     print("")
13 elif env < 10:
14     YanAPI.sync_do_tts("温度低于10摄氏度，建议穿外套")
```

图 11-26　温湿度传感器数据读取程序

```
pi@raspberrypi:~/Desktop $ python3 assignment_get_sensors_environment_value.py
Read Sensor Value 28 ℃
```

图 11-27　程序执行结果

4）触摸传感器数据读取方法。YanAPI 中用于读取触摸传感器数据的接口函数有：get_sensors_touch 和 get_sensors_touch_value。

① get_sensors_touch。

函数功能：获取触摸传感器值。

语法格式：get_sensors_touch(id: int = None, slot: List[int] = None)

参数说明：

id (list[int]) ——传感器的 ID，可不填。

slot (List[int]) ——传感器槽位号，可不填。

返回类型：dict，其返回说明如下。

```
{
    code:integer  返回码：0 表示正常
    data:
        {
            touch:
                [
                    {
                        id: integer  传感器 ID 值，取值：1~127
                        slot: integer  传感器槽位号，取值：1~6
                        value: integer 0——未触摸，1——触摸按钮 1，2——
触摸按钮 2，3——触摸两边
                    }
                ]
        }
    msg:string  提示信息
}
```

图 11-28 所示为读取触摸传感器数据的基础程序。图 11-29 所示为读取触摸传感器数据的结果。

```
1  #!/usr/bin/env
2  # coding=utf-8
3
4  import YanAPI
5  import time
6
7  touch = YanAPI.get_sensors_touch()
8  id = touch['data']['touch'][0]['id']
9  slot = touch['data']['touch'][0]['slot']
10 value = touch['data']['touch'][0]['value']
11
12 print("Read Sensor id %d" % id)
13 print("Read Sensor slot %d" % slot)
14 print("Read Sensor value %d" % value)
15
```

图 11-28　读取触摸传感器数据的基础程序

```
pi@raspberrypi:~/Desktop/touch $ python3 get_sensors_touch.py
Read Sensor id 29
Read Sensor slot 4
Read Sensor value 0
```

图 11-29　读取触摸传感器数据的结果

② get_sensors_touch_value。

函数功能：获取触摸传感器值 – 简化返回值。

语法格式：get_sensors_touch_value()

返回类型：int。

返回说明：触摸状态值，0——未触摸，1——触摸按钮1，2——触摸按钮2，3——触摸两边。

图11-30所示为读取触摸传感器数据的基础程序；图11-31所示为读取触摸传感器数据结果。结果为0代表没有触摸发生，结果为1代表左边被触摸，结果为2代表右边被触摸，结果为3代表两边同时被触摸。

```
1  #!/usr/bin/env
2  # coding=utf-8
3
4  import YanAPI
5
6  touch = YanAPI.get_sensors_touch_value()
7  print("Read Sensor Value %d" % touch)
```

图 11-30　读取触摸传感器数据的基础程序

```
pi@raspberrypi:~/Desktop/touch $ python3 get_sensors_touch_value.py
Read Sensor Value 2
```

图 11-31　读取触摸传感器数据结果

5）压力传感器数据读取方法。YanAPI 用于读取压力传感器数据的接口函数有 get_sensors_pressure 和 get_sensors_pressure_value。

① get_sensors_pressure。

函数功能：获取压力传感器的值。

语法格式：get_sensors_pressure(id: List[int] = None, slot: List[int] = None)

参数说明：

id (List[int])——传感器的 ID，可不填。

slot (List[int])——传感器槽位号，可不填。

返回类型：dict，其返回说明如下。

```
{
    code:integer 返回码，0 表示正常
    data:
        {
            pressure:
                    [
                        {
                            id: integer 传感器 ID 值，取值：1~127
                            slot: integer 传感器槽位号，取值：1~6
                            value: integer 压力值，单位为牛（N）
                        }
                    ]
        }
    msg:string 提示信息
}
```

图 11-32 所示为读取压力传感器数据的基础程序；图 11-33 所示为读取压力传感器数据的结果。

```
#!/usr/bin/env
# coding=utf-8

import YanAPI

pressure = YanAPI.get_sensors_pressure()

id = pressure['data']['pressure'][0]['id']
slot = pressure['data']['pressure'][0]['slot']
value = pressure['data']['pressure'][0]['value']

print("Read Sensor id %d" % id)
print("Read Sensor slot %d" % slot)
print("Read Sensor value %d" % value)
```

图 11-32　读取压力传感器数据的基础程序

```
pi@raspberrypi:~/Desktop/pressure $ python3 get_sensors_pressure.py
Read Sensor id 35
Read Sensor slot 4
Read Sensor value 1
```

图 11-33　读取压力传感器数据的结果

② get_sensors_pressure_value。

函数功能：获取压力传感器值 – 简化返回值。

语法格式：get_sensors_pressure_value()

返回类型：int。

返回说明：压力值，单位为牛（N）。

图 11-34 所示为读取压力传感器数据的基础程序；图 11- 35 所示为读取压力传感器数据的结果。

```
1    #!/usr/bin/env
2    # coding=utf-8
3
4    import YanAPI
5
6    pressure = YanAPI.get_sensors_pressure_value()
7    print("Read Sensor Value %d N" % pressure)
8
9
10
```

图 11-34   读取压力传感器数据的基础程序

```
pi@raspberrypi:~/Desktop/pressure $ python3 get_sensors_pressure_value.py
Read Sensor Value 17 N
```

图 11-35   读取压力传感器数据的结果

6）陀螺仪数据读取方法。YanAPI 中用于读取陀螺仪数据的接口函数为 get_sensors_gyro。

函数功能：获取九轴陀螺仪运动传感器值。

语法格式：get_sensors_gyro()

返回类型：dict，其返回说明如下。

```
{
    code:integer 返回码：0 表示正常
    data:
        {
            gyro:[
                {
                    id:integer 传感器 ID 值，取值：1~127
                    gyro-x:number(float)              陀螺仪 x
                    gyro-y:number(float)              陀螺仪 y
                    gyro-z:number(float)              陀螺仪 z
                    accel-x:number(float)             加速度计 x
                    accel-y:number(float)             加速度计 y
                    accel-z:number(float)             加速度计 z
                    compass-x:number(float)           磁力计 x
                    compass-y:number(float)           磁力计 y
                    compass-z:number(float)           磁力计 z
                    euler-x:number(float)             欧拉角 x
                    euler-y:number(float)             欧拉角 y
                    euler-z:number(float)             欧拉角 z
                }
            ]
        }
    msg:string 提示信息
}
```

图 11-36 所示为读取陀螺仪数据的基础程序；图 11-37 所示为读取陀螺仪数据的结果。

```
1    #!/usr/bin/env
2
3    import YanAPI as api
4
5    gyro = api.get_sensors_gyro()
6    id = gyro['data']['gyro'][0]['id']
7    gyro_x = gyro['data']['gyro'][0]['gyro-x']
8    gyro_y = gyro['data']['gyro'][0]['gyro-y']
9    gyro_z = gyro['data']['gyro'][0]['gyro-z']
10   euler_x = gyro['data']['gyro'][0]['euler-x']
11   euler_y = gyro['data']['gyro'][0]['euler-y']
12   euler_z = gyro['data']['gyro'][0]['euler-z']
13   accel_x = gyro['data']['gyro'][0]['accel-x']
14   accel_y = gyro['data']['gyro'][0]['accel-y']
15   accel_z = gyro['data']['gyro'][0]['accel-z']
16   compass_x = gyro['data']['gyro'][0]['compass-x']
17   compass_y = gyro['data']['gyro'][0]['compass-y']
18   compass_z = gyro['data']['gyro'][0]['compass-z']
19   print('Read Sensors id:%d'%id)
20   print('Read Sensors gyro-x:%d'%gyro_x)
21   print('Read Sensors gyro-y:%d'%gyro_y)
22   print('Read Sensors gyro-z:%d'%gyro_z)
23   print('Read Sensors euler-x:%d'%euler_x)
24   print('Read Sensors euler-y:%d'%euler_y)
25   print('Read Sensors euler-z:%d'%euler_z)
26   print('Read Sensors accel-x:%d'%accel_x)
27   print('Read Sensors accel-y:%d'%accel_y)
28   print('Read Sensors accel-z:%d'%accel_z)
29   print('Read Sensors compass-x:%d'%compass_x)
30   print('Read Sensors compass-y:%d'%compass_y)
31   print('Read Sensors compass-z:%d'%compass_z)
```

```
pi@raspberrypi:~/Desktop $ python3 gyro.py
Read Sensors id:104
Read Sensors gyro-x:0
Read Sensors gyro-y:0
Read Sensors gyro-z:-1
Read Sensors euler-x:179
Read Sensors euler-y:1
Read Sensors euler-z:-57
Read Sensors accel-x:0
Read Sensors accel-y:0
Read Sensors accel-z:0
Read Sensors compass-x:-9
Read Sensors compass-y:37
Read Sensors compass-z:14
```

图 11-36 读取陀螺仪数据的基础程序　　　　图 11-37 读取陀螺仪数据的结果

任务实施

所需设施/设备：机器人 1 台、平板计算机或者安卓手机 1 部、显示器 1 台、无线路由器 1 台（自动分配地址）、蓝牙键盘鼠标 1 套。

任务 11.1 读取机器人传感器列表

（1）通过 get_sensors_list 函数读取传感器列表

1）计算机端使用 VNC Viewer 访问机器人。打开计算机，正确连接机器人后，在 VNC Server 登录界面中输入用户名：pi, 密码：raspberry，进入机器人的树莓派系统。

2）调用程序。调用获取传感器的完整信息的程序，文件名为 get_sensors_list.py, 程序如下所示：

```
import YanAPI
ip_addr="127.0.0.1"
YanAPI.yan_api_init(ip_addr)
res=YanAPI.get_sensors_list()
print(res)
list=res["data"]["sensors"]
for i in list:
    print(list.index(i),i["type"])
```

3）运行程序。在终端输入指令，运行 get_sensors_list.py 文件，在窗口会出现执行判断结果，结果如下：

```
{'msg':'success','data':{'sensors':[{'type':'gyro','id':104,'version':1},{'type':'infra
red','id':23,'version':3},{'type':'environment','id':59,'version':1},{'type':'touch','id':29,
'version':4},{'type':'pressure','id':35,'version':6}]},'code':0}
0  gyro
1  infrared
2  environment
3  touch
4  pressure
```

4）程序运行结果分析。由上述程序运行结果可知：根据连接的传感器数量和类型不同，显示的结果会不一样。

（2）通过 get_sensors_list_value 函数读取传感器列表

1）调用程序。调用获取传感器的简要信息的程序，文件名为 get_sensors_list_value.py，程序如下所示：

```
import YanAPI
ip_addr="127.0.0.1"
YanAPI.yan_api_init(ip_addr)
res=YanAPI.get_sensors_list_value()
print(res)
```

2）运行程序。在终端输入指令，运行 get_sensors_list_value.py 文件，在窗口会出现执行判断结果，结果如下：

```
['gyro', 'infrared', 'environment', 'touch', 'pressure']
```

3）程序运行结果分析。由上述程序运行结果可知：这个结果相对更简化，可读性更强。

任务 11.2　读取机器人外接传感器数据

机器人配套的外接传感器包括红外传感器、触摸传感器、压力传感器、温湿度传感器，需要用到外接传感器时，应将外接传感器正确安装到磁吸式开放接口，再通过调用相对应的 YanAPI 函数来实现外接传感器的数据读取。这里以触摸传感器数据读取为例，完成读取外接传感器数据的任务实施。

具体操作步骤如下：

（1）正确选用触摸传感器

从机器人传感器配件包中正确选用触摸传感器。

（2）安装触摸传感器

将触摸传感器安装到机器人胳膊的传感器接口，如图 11-38 所示。

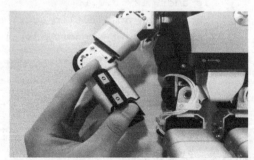

图 11-38　触摸传感器的安装

（3）编写程序

如图 11-39 所示，编写读取触摸传感器数据的程序并对读取的触摸传感器数据进行判断。

```python
import YanAPI
import time

'''触摸：首先 Yanshee 机器人会伸出手来，对实验者说："你好，我们可以握握手吗？"
这时实验者把手伸过来，用手触摸机器人胳膊上的触摸传感器，机器人感受到人手触摸信号，并上下摇动自己的手臂，
同时说："非常感谢您的光临！我是您的智能机器人助手Yanshee，祝您玩得愉快！"
当人手离开的时候，机器人手臂回到正常位置，并说："认识您很高兴，再会！"
'''
YanAPI.sync_do_tts("你好，我们可以握握手吗？")
time.sleep(1)
YanAPI.sync_play_motion("hand")  # 上传自定义动作
while True:
    touch = YanAPI.get_sensors_touch_value()
    print("Read Sensor Value %d" % touch)

    if touch == 1 or touch == 2 or touch == 3:
        print("已被触摸,触摸按钮%d" % touch)
        YanAPI.sync_do_tts("非常感谢您的光临！我是您的智能机器人助手Yanshee，祝您玩得愉快！")
        YanAPI.sync_play_motion("wave", "right", "normal", 1)

    else:
        print("未触摸%d" % touch)
        YanAPI.sync_do_tts("认识您很高兴，再会！")
        YanAPI.sync_play_motion("reset")
        break
```

图 11-39 任务程序

（4）运行程序

运行程序后在窗口处会出现执行判断结果，如图 11-40 所示。此时机器人会对实验者说："你好，我们可以握握手吗？"实验者用手触摸机器人胳膊上的触摸传感器，机器人会上下摇动自己的手臂，同时说："非常感谢您的光临！我是您的智能机器人助手Yanshee，祝您玩得愉快！"当人手离开的时候，机器人手臂回到正常位置，并说："认识您很高兴，再会！"任务实现结果如图 11-41 所示。

```
pi@raspberrypi:~/Desktop $ python3 assignment_get_sensors_touch_value.py
Read Sensor Value 1
已被触摸,触摸按钮1
Read Sensor Value 0
未触摸0
```

图 11-40 任务程序执行判断结果

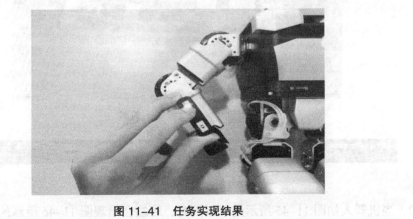

图 11-41 任务实现结果

任务 11.3　让机器人自动进行摔倒爬起

完成以下任务：当机器人前趴时角度约为 0°，机器人后仰时角度约为 180°，考虑到机器人摔倒时的自身结构差异或地面不平，可以简单认为：

当 X 轴角度在 –20°~20° 时，机器人前趴摔倒；当 X 轴角度在 <–160° 或 >160° 时，机器人后仰摔倒。

当判断机器人前趴摔倒时，执行内置动作 getup_in_front；当机器人后仰摔倒时，执行内置动作 getup_in_back 动作，从而让机器人摔倒后自动爬起来。

（1）编写程序

如图 11–42 所示，编写读取陀螺仪的数据程序。

```
1  #!/usr/bin/env
2  # coding=utf-8
3
4  import YanAPI
5
6  while True:
7      gyro = YanAPI.get_sensors_gyro()
8      euler_x = gyro['data']['gyro'][0]['euler-x']
9      print("Read Sensor Value %d " % euler_x)
10     if euler_x > -30 and euler_x < 30:
11         YanAPI.sync_play_motion("getup_in_front")
12     if euler_x < -160 and euler_x < -160:
13         YanAPI.sync_play_motion("getup_in_back")
```

图 11–42　任务程序

（2）调试逻辑判断程序

执行逻辑判断程序，对读取的陀螺仪数据进行判断，执行判断结果。

1）当机器人如图 11–43 所示处于前趴时，终端会出现图 11–44 所示的结果。

图 11–43　机器人前趴

```
pi@raspberrypi:~/Desktop $ python3 cs.py
Read Sensor Value -3
```

图 11–44　前趴任务执行时终端结果图

2）当机器人如图 11–45 所示处于后倒时，终端会出现图 11–46 所示的结果。

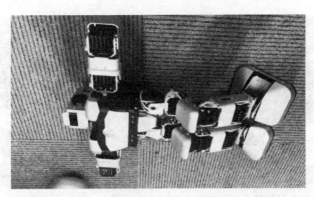

图 11-45　机器人后倒

```
pi@raspberrypi:~/Desktop $ python3 cs.py
Read Sensor Value 178
```

图 11-46　后倒任务执行时终端结果图

（3）运行程序

1）当机器人处于前趴时，会出现以下动作，如图 11-47、图 11-48 所示，最后成功实现任务结果如图 11-49 所示。

2）当机器人处于后倒时，会出现以下动作，如图 11-50、图 11-51 所示，最后成功实现任务结果如图 11-52 所示。

图 11-47　机器人前趴任务过程图 1

图 11-48　机器人前趴任务过程图 2

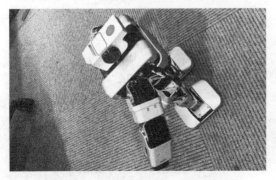

图 11-49　机器人前趴实现任务结果图

图 11-50　机器人后倒任务过程图 1

图 11-51　机器人后倒任务过程图 2　　　　图 11-52　机器人后倒实现任务结果图

任务评价

班级		姓名		学号		日期	
自我评价	1. 能正确辨认红外传感器和触摸传感器					□是　　□否	
	2. 能正确安装红外传感器和触摸传感器					□是　　□否	
	3. 能正确调用 YanAPI					□是　　□否	
	4. 能正确完整地编写出实现目标的程序					□是　　□否	
	5. 能调试程序并查看其识别结果					□是　　□否	
	6. 在完成任务时遇到了哪些问题？是如何解决的						
	7. 是否能独立完成工作页的填写					□是　　□否	
	8. 是否能按时上、下课，着装规范					□是　　□否	
	9. 学习效果自评等级					□优　□良　□中　□差	
	总结与反思						
小组评价	1. 在小组讨论中能积极发言					□优　□良　□中　□差	
	2. 能积极配合小组完成工作任务					□优　□良　□中　□差	
	3. 在查找资料信息中的表现					□优　□良　□中　□差	
	4. 能够清晰表达自己的观点					□优　□良　□中　□差	
	5. 安全意识与规范意识					□优　□良　□中　□差	
	6. 遵守课堂纪律					□优　□良　□中　□差	
	7. 积极参与汇报展示					□优　□良　□中　□差	
教师评价	综合评价等级： 评语： 教师签名：　　　日期：						

任务拓展

请尝试将温度传感器安装到机器人上，实现以下功能：当温度高于20℃的时候，机器人提醒用户穿短袖，当温度低于10℃的时候，机器人提醒用户穿厚外套。

项目小结

本项目主要学习了服务机器人常用传感器的相关知识，通过"使用触摸传感器与机器人进行交流、让机器人摔倒爬起来"等任务训练，掌握传感器技术在人形服务机器人中的应用方法。

参 考 文 献

［1］深圳市优必选科技股份有限公司．服务机器人应用开发职业技能等级标准［Z］．2021.

［2］深圳市优必选科技股份有限公司．服务机器人应用开发职业技能考核大纲［Z］．2021.

［3］谷明信，赵华君，董天平．服务机器人技术及应用［M］．成都：西南交通大学出版社，2019.

［4］谢志坚，熊邦宏，庞春．AI+智能服务机器人应用基础［M］．北京：机械工业出版社，2020.

［5］向忠宏．服务机器人：未来世界新伙伴［M］．北京：电子工业出版社，2015.

［6］宋楠，韩广义．Arduino 开发从零开始学：学电子的都玩这个［M］．北京：清华大学出版社，
2014.

［7］樊胜民，樊攀，张淑慧．Arduino 编程与硬件实现［M］．北京：化学工业出版社，2020.

［8］李永华．Arduino 项目开发：智能控制［M］．北京：清华大学出版社，2019.

［9］黄焕林，丁昊．从零开始学 Arduino 电子设计：创意案例版［M］．北京：机械工业出版社，2018.

［10］深圳市优必选科技股份有限公司．uKit Explore 高校教育版教程［Z］．2020.

［11］深圳市优必选科技股份有限公司．机器人 AI 应用开发初级工程师［Z］．2020.

［12］周庆国，崔向平，郑朋．Blockly 创意趣味编程［M］．北京：机械工业出版社，2019.

［13］张腾飞，周昕梓．树莓派开始，玩转 Linux［M］．北京：电子工业出版社，2018.

［14］柯博文．树莓派 Raspberry Pi 实战指南：手把手教你掌握 100 个精彩案例［M］．北京：清华大学
出版社，2015.